不同空间尺度下海域定级
关键技术研究与实践

赵全民　闫吉顺　蔡悦荫 等　著

科学出版社

北京

内 容 简 介

本书介绍了省级、地市级和县级海域不同空间尺度的海域定级关键技术；提出以"政策引导，生态用海"为导向，以"遵循规律，科学评估"为原则，充分考虑海域资源质量和海洋生态环境条件，结合区位条件和经济状况构建综合评价指标体系；详细介绍了针对不同空间尺度按照综合评价指数大小进行排序的方法，以地理分布为特征聚类实施海域级别划分；在此基础上，介绍了关于海域定级系统建设的相关技术，目的是通过系统建设和技术框架搭建，加强海域定级工作的信息化支撑，完善我国海域定级技术。

本书可供海域分等定级方面的工作人员、相关学者、管理者等阅读参考。

审图号：GS（2022）2473 号

图书在版编目（CIP）数据

不同空间尺度下海域定级关键技术研究与实践 / 赵全民等著. —北京：科学出版社，2022.5

ISBN 978-7-03-071311-7

Ⅰ. ①不… Ⅱ. ①赵… Ⅲ. ①海域–管理–研究–中国 Ⅳ. ①P712

中国版本图书馆 CIP 数据核字（2022）第 010761 号

责任编辑：孟莹莹 程雷星 / 责任校对：樊雅琼
责任印制：吴兆东 / 封面设计：无极书装

科 学 出 版 社 出版
北京东黄城根北街 16 号
邮政编码：100717
http://www.sciencep.com
北京九州迅驰传媒文化有限公司 印刷
科学出版社发行 各地新华书店经销
*
2022 年 5 月第 一 版 开本：720×1000 1/16
2022 年 5 月第一次印刷 印张：11 1/4 插页：5
字数：227 000
定价：99.00 元
（如有印装质量问题，我社负责调换）

作 者 名 单

赵全民　于永海　闫吉顺　蔡悦荫

宫　玮　张广帅　张　盼　黄小露

前　　言

　　《中华人民共和国海域使用管理法》（以下简称《海域法》）明确规定："海域属于国家所有，国务院代表国家行使海域所有权""国家实行海域有偿使用制度"。

　　海域有偿使用制度的实行标示了我国海域资源管理和利用方式的重大变革，其根本目的是促进我国海域资源的合理开发与可持续利用。为了保障国家和海域使用者的根本利益和经济权益，《海域法》规定："单位和个人使用海域，应当按照国务院的规定缴纳海域使用金。"海域等别是确定海域使用金的依据之一，从宏观上反映了我国沿海县级行政区所辖海域的综合差异，但同一个县级行政区所辖海域因为自然条件、位置条件不同而导致的用海效益差异依然存在，因此，在海域等别内进行海域定级，能使地方海域管理部门掌握所管辖海域资源品质的空间分异，为实现海域资源市场化配置奠定基础。2018年，《财政部 国家海洋局印发〈关于调整海域 无居民海岛使用金征收标准〉的通知》（财综〔2018〕15号）直接要求"沿海省、自治区、直辖市、计划单列市应根据本地区情况合理划分海域级别，制定不低于国家标准的地方海域使用金征收标准"。

　　海域定级是一项满足海域行政管理需求的工作，其本质是进行海域使用适宜性空间分异评价。国内虽有学者对海域定级进行研究，但研究成果并不多，且对一些技术环节的看法存在差异。本书在梳理已有研究成果的基础上，采用目前学术界和管理界普遍认可的海域分类定级概念和多因素综合评价法，针对不同空间尺度的自然综合条件和管理要求，制定海域定级工作流程，解决海域定级类型划分、海域定级范围确定、海域定级单元确定、海域定级指标体系建立、海域定级指标标准化方法、海域级别划分及验证等技术细节方面的不明确性和不统一性的问题。

　　本书共8章，主要内容如下。

　　第1章绪论中介绍了海域级别划分关键技术的研究背景，简述了相关的指导性文件，分析了相关领域学者的研究现状。

　　第2章海域定级基础理论，介绍了自然资源价值理论、海域资源价值理论、海域综合管理理论、区域差异与关联理论、区位理论和空间经济扩展理论。

　　第3章着重对不同空间尺度海域定级的概念进行了阐述和说明，并且明确了不同空间尺度海域定级的基本理论、技术路线、研究任务和研究意义。

　　第4章介绍了海域资源环境评价。主要包括两个方面：一是海域资源丰度综合评价；二是海域生态环境质量综合评价。这两个方面是海域定级关键技术的基础性研究，为后面内容奠定了基础。

第 5～7 章是本书的重点，分别详细介绍了省级、地市级 D 类用海和县级海域定级技术方法与实践，并适当给出了部分建议。

第 8 章是海域定级系统建设，目的是通过系统建设和技术框架搭建，加强海域定级工作的信息化支撑，完善我国海域定级技术。

本书主要是由赵全民、闫吉顺和蔡悦荫共同完成的。同时，其他作者也在相关章节中做出了较大的贡献。于永海在成书结构、内容上提出了宝贵的意见和建议，并对相关内容进行了修改和指正。第 1 章由赵全民、宫玮和张广帅完成，第 2 章由蔡悦荫、闫吉顺和宫玮完成，第 3 章和第 5 章由赵全民、蔡悦荫和闫吉顺完成，第 4 章由张广帅、闫吉顺和黄小露完成，第 6 章和第 7 章由张盼、闫吉顺和蔡悦荫完成，第 8 章由闫吉顺和张广帅完成。感谢每一位为本书真心付出的人！

希望本书能为海域定级工作提供技术参考。书中若有疏漏之处，还请读者批评指正。

作　者

2021 年 12 月 10 日

目　　录

第1章 绪   论

1.1 研 究 背 景

1.1.1 海域资源有偿使用

《海域法》第五章海域使用金第三十三条规定：

"国家实行海域有偿使用制度。单位和个人使用海域，应当按照国务院的规定缴纳海域使用金。海域使用金应当按照国务院的规定上缴财政。对渔民使用海域从事养殖活动收取海域使用金的具体实施步骤和办法，由国务院另行规定。"

自 2001 年 10 月《海域法》颁布后，为落实海域有偿使用制度，财政部、国家海洋局于 2004 年启动了海域使用金标准制定工作，并于 2007 年 3 月颁布《海域使用金征收标准》。2017 年 5 月 23 日，《关于海域、无居民海岛有偿使用的意见》由中央全面深化改革领导小组第三十五次会议通过。《财政部 国家海洋局印发〈关于调整海域 无居民海岛使用金征收标准〉的通知》（财综〔2018〕15 号）进一步对地方实施海域有偿使用提出要求，并发布了《关于贯彻落实海域、无居民海岛有偿使用制度的指导意见》和《关于贯彻落实海域、无居民海岛有偿使用意见的实施方案》。

20 多年来，国家对海域资源有偿使用从基础研究到实践，并实施法律规定，历经许多坎坷和困难，但对海域资源的高效利用和环境保护起到了关键的作用。近年，国家高度重视海洋发展和自然资源环境保护，对海域有偿使用方面的管理和研究提出了新的要求。为适应新形势，满足当前经济发展要求，以及更高效使用海域资源，切实做到海域资源精细化管理，利用经济杠杆工具，更有效保护海洋生态环境，完善海域有偿使用制度是我国海洋资源长效发展机制的基本要求。因此，通过对海域资源综合评价、分区细化，对不同资源特征海域实施不同的海域使用金征收标准并相应做出调整，是海域资源精细化管理的有力支撑，有利于海域有偿使用制度的进一步完善。

1.1.2 国家实施的海域分等定级

海域分等定级是保证海域有偿使用制度顺利实施的基础性工作，也是推动海域市场化运作的技术保障。2004 年，财政部、国家海洋局启动了"全国海域使用分类定级与基准价制定"，于 2006 年制定了全国统一的《海域使用金征收标准》，并于 2007 年 3 月 1 日颁布执行。

海域分等定级是在特定的目的下，对海域的自然属性、经济属性和社会属性进行综合评价，并将评价结果等级化的过程。它是海域质量评价的一种类型，对海域的自然、经济和社会属性进行全面的综合评定，最终取得大比例尺等级化评价结果。海域分等定级是海域价格评估的基础，是海域使用管理的重要组成部分。

海域分等定级的任务是通过对海域的区位、经济、海洋产业的发展水平、自然环境及资源状况等因素的综合分析，揭示各类型用海的海域利用效率的地域差异，运用定量和定性相结合的方法对评价单元内各类型用海的使用效益进行排序，评定该单元的海域等级。

海域分等定级的目的是统筹海洋经济与海洋环境，使其和谐发展，科学管理、合理利用海域资源，提高海洋资源使用效率，为国家和各级政府制定各项海域使用政策和调控措施，以及估价、征收海域使用金和制定海域利用规划提供科学依据，为通过经济杠杆调整海洋产业及产业结构提供手段。

1.1.3　地方实施的海域定级

《关于海域、无居民海岛有偿使用的意见》提出："建立使用金征收标准动态调整机制""沿海地方应根据本地区具体情况划分海域级别，制定不低于国家征收标准的地方海域使用金征收标准"。《财政部 国家海洋局印发〈关于调整海域 无居民海岛使用金征收标准〉的通知》（财综〔2018〕15 号）要求："沿海省、自治区、直辖市、计划单列市应根据本地区情况合理划分海域级别，制定不低于国家标准的地方海域使用金征收标准""地方海域使用金征收标准（含养殖用海征收标准）制定工作，应于 2019 年 4 月底前完成"。国家海洋局海域综合管理司《关于贯彻落实海域有偿使用制度的指导意见》和《关于贯彻落实海域有偿使用制度的实施方案》进一步提出："国家向社会公布海域使用金调整方案后，沿海地方应根据本地区具体情况划分海域级别，制定不低于国家海域使用金标准的地方海域使用金征收标准，成果经省级人民政府审查同意后，上报国家海洋局。"2018 年 7 月 17 日，为推动地方做好海域定级和地方海域使用金征收标准制定工作，自然资源部办公厅印发了《海域定级技术指引（试行）》。

1.2　指导性文件

1.2.1　关于生态文明体制改革

2015 年 9 月，中共中央、国务院印发《生态文明体制改革总体方案》（以下简称《生态改革方案》）。《生态改革方案》确定的生态文明体制改革的指导思想为"全面贯彻党的十八大和十八届二中、三中、四中全会精神，以邓小平理论、'三个代表'重要思想、科学发展观为指导，深入贯彻落实习近平总书记系列重要讲话精神，按照党中央、国务院决策部署，坚持节约资源和保护环境基本国策，坚持节约优先、保护优先、自然恢复为主方针，立足我国社会主义初级阶段的基本国情和新的阶段性特征，以建设美丽中国为目标，以正确处理人与自然关系为核心，以解决生态环境领域突出问题为导向，保障国家生态安全，改善环境质量，提高资源利用效率，推动形成人与自然和谐发展的现代化建设新格局"，确立的生态文明体制改革的理念为"树立自然价值和自然资本的理念，自然生态是有价值的，保护自然就是增值自然价值和自然资本的过程，就是保护和发展生产力，就应得到合理回报和经济补偿"。

其中，第六项健全资源有偿使用和生态补偿制度第三十条提出："完善海域海岛有偿使用制度。建立海域、无居民海岛使用金征收标准调整机制。建立健全海域、无居民海岛使用权招拍挂出让制度。"这一内容的提出，为完善海域资源有偿使用制度，建立健全海域、无居民海岛有偿使用长效管理机制提供了坚强后盾，是推动海域自然有偿使用制度改革的强大动力。

1.2.2　关于创新政府配置资源

2017 年 1 月，中共中央办公厅、国务院办公厅印发了《关于创新政府配置资源方式的指导意见》，提出："改革开放以来，随着市场化改革的不断深化，市场在资源配置中的作用日益增强，政府配置资源的范围和方式也在不断调整。在社会主义市场经济条件下，政府配置的资源主要是政府代表国家和全民所拥有的自然资源、经济资源和社会事业资源等公共资源。为解决当前政府配置资源中存在的市场价格扭曲、配置效率较低、公共服务供给不足等突出问题，需要从广度和深度上推进市场化改革，大幅度减少政府对资源的直接配置，创新配置方式，更多引入市场机制和市场化手段，提高资源配置的效率和效益。"

其中，第二项创新自然资源配置方式指出："法律明确规定由全民所有的土地、矿藏、水流、森林、山岭、草原、荒地、海域、无居民海岛、滩涂等自然资源，建立明晰的产权制度、健全管理体制，对无线电频率等非传统自然资源，推进市场化配置进程，完善资源有偿使用制度。"第二项第六条完善自然资源有偿使用制度明确指出："建立健全全民所有自然资源的有偿使用制度，更多引入竞争机制进行配置，完善土地、水、矿产资源和海域有偿使用制度，探索推进国有森林、国有草原、无居民海岛有偿使用。在充分考虑资源所有者权益和生态环境损害成本基础上，完善自然资源及其产品价格形成机制。发挥资源产出指标、使用强度指标及安全标准等的标杆作用，促进资源公平出让、高效利用。"第五项创新资源配置组织方式第二十一条完善市场交易机制明确指出："在摸清底数的基础上，对政府配置资源中应该或可以通过市场化方式配置的资源，按照应进必进、能进必进的原则，严格将其纳入统一的公共资源交易平台进行规范交易，采取招拍挂或其他方式进行配置。针对不同公共资源特点，明确交易基本规则，准确评估资源价值，严格规范交易程序，确保交易过程公开公平公正。培育资源价值评估的专业人才队伍，完善相关技术标准体系。"

《关于创新政府配置资源方式的指导意见》进一步明确了海域资源有偿使用制度的改革方向，对如何建立健全海域资源市场配置提出了要求。海域资源市场交易机制尚不健全，市场交易形态还没有形成，一般获取海域使用权的方式是申请审批，而国家实施海域分等定级和地方实施海域级别划分是实现海域资源市场交易的基础。

1.2.3　关于全民所有自然资源资产有偿使用制度改革

2017 年 1 月 16 日，国务院发布了《国务院关于全民所有自然资源资产有偿使用制度改革的指导意见》，提出"全民所有自然资源是宪法和法律规定属于国家所有的各类自然资源，主要包括国有土地资源、水资源、矿产资源、国有森林资源、国有草原资源、海域海岛资源等。自然资源资产有偿使用制度是生态文明制度体系的一项核心制度。改革开放以来，我国全民所有自然资源资产有偿使用制度逐步建立，在促进自然资源保护和合理利用、维护所有者权益方面发挥了积极作用，但由于有偿使用制度不完善、监管力度不足，还存在市场配置资源的决定性作用发挥不充分、所有权人不到位、所有权人权益不落实等突出问题"，明确"坚持发挥市场配置资源的决定性作用和更好发挥政府作用，以保护优先、合理利用、维护权益和解决问题为导向，以依法管理、用途管制为前提，以明晰产权、丰富权能为基础，以市场配置、完善规则为重点，以开展试点、健全法制为路径，以创新方式、加强监管为保障，加快建立健全全民所有自然资源资产有偿使用制度，努力提升自然资源保护和合理利用水平，切实维护国家所有者权益，为建设美丽中国提供重要制度保障", 并确定主要目标, "到 2020 年, 基本建立产权明晰、权能丰富、规则完善、监管有效、权益落实的全民所有自然资源资产有偿使用制度, 使全民所有自然资源资产使用权体系更加完善, 市场配置资源的决定性作用和政府的服务监管作用充分发挥, 所有者和使用者权益得到切实维护, 自然资源保护和合理利用水平显著提升, 实现自然资源开发利用和保护的生态、经济、社会效益相统一"。

在第二项各领域重点任务中指出: 坚持生态优先, 严格落实海洋国土空间的生态保护红线, 提高用海生态门槛。严格实行围填海总量控制制度, 确保大陆自然岸线保有率不低于 35%。完善海域有偿使用分级、分类管理制度, 适应经济社会发展多元化需求, 完善海域使用权出让、转让、抵押、出租、作价出资(入股)等权能。坚持多种有偿出让方式并举, 逐步提高经营性用海市场化出让比例, 明确市场化出让范围、方式和程序, 完善海域使用权出让价格评估制度和技术标准, 将生态环境损害成本纳入价格形成机制。调整海域使用金征收标准, 完善海域等级、海域使用金征收范围和方式, 建立海域使用金征收标准动态调整机制。开展海域资源现状调查与评价, 科学评估海域生态价值、资源价值和开发潜力。完善无居民海岛有偿使用制度。坚持科学规划、保护优先、合理开发、永续利用, 严格生态保护措施, 避免破坏海岛及其周边海域生态系统, 严控无居民海岛自然岸线开发利用, 禁止开发利用领海基点保护范围内海岛区域和海洋自然保护区核心区及缓冲区、海洋特别保护区的重点保护区和预留区以及具有特殊保护价值的无居民海岛。明确无居民海岛有偿使用的范围、条件、程序和权利体系, 完善无居民海岛使用权出让制度。

针对重点任务, 关于海域、无居民海岛资源有偿使用制度改革的方向和任务制定应明确以下几点。

(1)以生态环境保护为底线, 以自然资源高效利用为根本。新时代赋予资源有偿制度改革新的任务。此前, 我国多以充分利用资源为根本原则, 鼓励资源利用的广泛开发, 以至于一定时期内出现了粗放开发、供过于求的现象, 这是社会发展的必然过程。当人类发展需求到达了资源禀赋上线和环境承载底线后, 过多地向自然索取将对社会可持续发展造成负面影响, 很多资源环境损害问题是不可逆的, 这其实是一种对资源环境的透支行为。所以, 保住生态环境的底线, 促进自然资源高效利用是对自然的敬畏, 是对后人的交代, 更是人类社会发展的必然要求。

(2)完善海域有偿使用分级、分类管理制度。近年来, 我国对海域资源分配机制的整体架构做了充分的设计和完善。基本实现了国家统筹实施海域资源管理, 地方制定分配机制的海域资源分配制度。目的是逐步完善海域资源分配的市场化机制, 实现海域使用权出让、转让、抵押、出租、作价出资(入股)等权能。因

此，国家实施海域分等定级和地方实施海域级别划分是实现海域资源分配市场化
的基础和重要支撑。

（3）完善无居民海岛有偿使用制度。探索赋予无居民海岛使用权依法转让、
出租等权能，研究制定无居民海岛使用权招标、拍卖、挂牌出让有关规定。鼓励
地方结合实际推进旅游娱乐、工业等经营性用岛采取招标、拍卖、挂牌等市场化
方式出让。建立完善无居民海岛使用权出让价格评估管理制度和技术标准，建立
无居民海岛使用权出让最低价标准动态调整机制。

只有清楚了国家的发展主线，才能正确把握海域资源有偿使用制度改革的方
向，才能把握地方实施海域定级的关键技术政治正确，解决定级过程中的主要问
题，并最终实现供给侧改革和海域资源的高效利用。

1.2.4　关于海域、无居民海岛有偿使用

2017 年 5 月 23 日《关于海域、无居民海岛有偿使用的意见》由中央全面深
化改革领导小组第三十五次会议通过，其是为了规范海域和无居民海岛合理开发
利用而制定的法规。该意见指出"海域、无居民海岛是全民所有自然资源资产的
重要组成部分，是我国经济社会发展的重要战略空间。海域、无居民海岛有偿使
用制度的建立实施，对促进海洋资源保护和合理利用、维护国家所有者权益等发
挥了积极作用，但也存在市场配置资源决定性作用发挥不充分，资源生态价值和
稀缺程度未得到充分体现，使用金征收标准偏低且动态调整机制尚未建立等问
题"，提出的主要目标为"到 2020 年，基本建立保护优先、产权明晰、权能丰富、
规则完善、监管有效的海域、无居民海岛有偿使用制度，生态保护和合理利用水
平显著提升，资源配置更加高效，市场化出让比例明显提高，使用金征收标准动
态调整机制建立健全，使用金征收管理更加规范，监管服务能力显著提升，海域、
无居民海岛国家所有者和使用权人的合法权益得到切实维护，实现生态效益、经
济效益、社会效益相统一"，要求"提高用海用岛生态门槛。严守海洋国土空间
生态保护红线，严格执行围填海总量控制制度，对生态脆弱的海域、无居民海岛
实行禁填禁批制度，确保大陆自然岸线保有率不低于 35%。严格执行海洋主体功
能区规划，完善海洋功能区划和海岛保护规划，对优化开发区域、重点开发区域、
限制开发区域的海域、无居民海岛利用制定差别化产业准入目录，实施差别化供
给政策。将生态环境损害成本纳入海域、无居民海岛资源价格形成机制，利用价
格杠杆促进用海用岛的生态环保投入"。

《关于海域、无居民海岛有偿使用的意见》对海域、无居民海岛有偿使用制度
改革提出了更具体、更细化的工作任务。主要体现两点：一是资源配置更加高效，
市场化出让比例明显提高，使用金征收标准动态调整机制建立健全；二是实施差

别化供给政策，将生态环境损害成本纳入海域、无居民海岛资源价格形成机制，利用价格杠杆促进用海用岛的生态环保投入。这两点任务的基础是实施地方海域级别划分。

1.2.5 关于调整海域无居民海岛使用金征收标准

2018 年 3 月 13 日，《财政部 国家海洋局印发〈关于调整海域 无居民海岛使用金征收标准〉的通知》指出"沿海省、自治区、直辖市、计划单列市应根据本地区情况合理划分海域级别，制定不低于国家标准的地方海域使用金征收标准。以申请审批方式出让海域使用权的，执行地方标准；以招标、拍卖、挂牌方式出让海域使用权的，出让底价不得低于按照地方标准计算的海域使用金金额。尚未颁布地方海域使用金征收标准的地区，执行国家标准。养殖用海海域使用金执行地方标准""地方人民政府管理海域以外的用海项目，执行国家标准，相关等别按照毗邻最近行政区的等别确定。养殖用海的海域使用金征收标准参照毗邻最近行政区的地方标准执行"，并明确"本通知自 2018 年 5 月 1 日起施行。此前财政部、国家海洋局制发的有关规定与本通知规定不一致的，一律以本通知规定为准。地方海域使用金征收标准（含养殖用海征收标准）制定工作，应于 2019 年 4 月底前完成，并报财政部、国家海洋局备案"。

《财政部 国家海洋局印发〈关于调整海域 无居民海岛使用金征收标准〉的通知》明确了地方实施海域使用金征收标准的具体任务和完成时限。

1.2.6 关于海域定级技术

为规范地方实施海域级别划分工作，2018 年 7 月 17 日，自然资源部海域管理部门发布了《关于印发〈海域定级技术指引（试行）〉的函》。

《海域定级技术指引（试行）》包括八部分内容（含附录）。八部分内容主要规定了海域定级基本要求，明确了海域定级技术方法，建立了海域使用金测算评估模型，规定了定级成果编制和验收要求；其中，附录主要对指标体系、图式图例和报告格式进行了规定。

第一部分是总则，包括海域定级的内涵、海域定级的对象及范围和定级的原则。

第二部分是术语与定义，主要对涉及海域定级关键的评价单元、定级单元、海域级和海域定级进行了定义与阐述。

第三部分是工作流程，梳理了从方案编制、因素因子确定、权重确定、资料收集调查、评价单元划分、评价因子分值计算、综合分值计算与级别划分、级别校核、级别图编绘、使用金标准测算和报告编制的海域定级及使用金标准制定工作流程。

第四部分是海域定级技术方法，包括以下内容。

（1）海域定级类型。要求《关于印发〈调整海域 无居民海岛使用金征收标准〉的通知》（财综〔2018〕15 号）中的用海方式总计 25 类，其中，具有区域差异并进行海域等别划分的为 15 类，即工业、交通运输、渔业基础设施等填海，城镇建设填海，农业填海造地用海，非透水构筑物用海，透水构筑物用海，港池、蓄水用海，专用航道、锚地用海，围海养殖用海，盐田用海，围海式游乐场用海，其他围海用海，开放式养殖用海，浴场用海，开放式游乐场用海和其他开放式用海。海域定级只针对上述 15 类用海方式。其余 10 类用海方式，因用海效益的差异性不明显，不开展定级工作。

（2）海域定级指标体系。对有等别差异的 15 类用海，根据用海方式特征和定级指标体系的异同，合并构建了 A、B、C、D、E、F 总计 6 类指标体系。

A 类指标体系适用于工业、交通运输、渔业基础设施等填海，城镇建设填海，农业填海造地用海和非透水构筑物用海 4 类用海的定级；B 类指标体系适用于透水构筑物用海的定级；C 类指标体系适用于港池、蓄水用海和专用航道、锚地用海 2 类用海的定级；D 类指标体系适用于围海养殖用海、开放式养殖用海、其他围海用海和其他开放式用海 4 类用海的定级；E 类指标体系适用于围海式游乐场用海、浴场用海、开放式游乐场用海 3 类用海的定级；F 类指标体系适用于盐田用海的定级。

（3）海域评价单元和定级单元划分方法。规定评价单元采用标准网格划分，标准网格的划分是按照岸线长度或者海域面积的不同规格进行的。

定级单元可采用包络线将质量相近、空间上彼此相邻的若干评价单元进行无缝圈围，也可根据影响某类用海质量及效益的主要因素，采用动态网格进行定级单元划分。

（4）指标数据标准化处理方法。可采用极值标准化、对数标准化及赋值标准化等方法对数据进行标准化处理。

（5）海域级别划分。根据定级指标体系，计算评价单元的指标分值、标准化分值及综合分值。根据综合分值，采用数轴法或者聚类分析法划分海域级别。

（6）海域级别综合校正。包括：聚类分析法检验；实地考察、比对与检验；管理部门意见征询；条件适当时，可征询用海者意见。

第五部分是海域定级面积量算，要求对不同用海方式不同级别海域面积进行量算并形成表格。

第六部分是关于海域使用金测算。包括：①对 25 类用海方式，制定不低于国家标准的地方海域使用金征收标准；②海域使用金测算方法。

测算方法有两种。

（1）根据调研样点测算：

海域使用金=空间资源利用收益+生态环境损害成本

调研样点的空间资源利用收益采用收益法、成本法、市场比较法等计算。每个级别的空间资源利用收益采用各样点平均值计算。

生态环境损害成本采用两种方法计算：其一，根据区域实际资料计算，即采用生态环境基准值与生态环境损害程度系数的乘积计算，其中，生态环境基准值采用综合指标法测算，生态环境损害程度系数采用德尔菲法确定，《海域定级技术指引（试行）》提供了每类用海的生态环境损害程度系数。其二，直接引用《财政部 国家海洋局印发〈关于调整海域 无居民海岛使用金征收标准〉的通知》（财经〔2018〕15 号）计算生态环境损害成本。

（2）根据国家标准采用调整系数测算：

各级别海域使用金 = 所在等国家标准 × a

式中，a 为调整系数。

调整系数由各县（市、区）根据定级成果、海域市场价格、经济发展水平及海域需求情况等综合确定，调整系数不小于 1。

第七部分是海域定级成果编制。包括海域级别图、海域使用金表、海域定级技术报告。

附录包括附录 A、附录 B 和附录 C 三个部分。

附录 A 设计了 8 个表，包括定级指标体系、主要评价因子参考分值、图示图例信息表等。附录 B、C 分别设计了海域定级成果图件编绘版式和海域定级技术报告大纲。

1.3 研 究 现 状

随着《海域法》的颁布，我国明确了海域资源的法律地位，并实施了海域资源有偿使用制度。但是，在一定时期内存在海域资源价值被低估的现象。

国家海洋环境监测中心赵全民研究员带领课题组研究人员长期致力于海域资源有偿使用制度方面的研究。2007 年，苗丰民和赵全民编写了《海域分等定级及价值评估的理论与方法》一书。当时，海域经济活动活跃，需求供给矛盾突出，海域资源价值低估产生的资源环境问题凸显。为解决海域资源的供求矛盾，防止固有资源性资产流失，切实保护海域资源与环境，实现海洋经济的可持续发展，全面、科学评估海域资源价值，研究团队克服种种困难，坚持不懈完成了研究并将成果编写成书。该书介绍了海域使用分类与使用金征收范围，包括海域使用分类体系、海域使用分类标准等。也对海域分等定级工作做了概述，并且建立了指标体系和定级程序及方法，这为后期国家实施分等和地方实施定级工作奠定了扎实基础，是分等定级重要的科学参考依据。书中还介绍了海域基准价格评估方法和宗海价格评估方法，这在当时的海域资源有偿使用方面是最前沿的研究成果。还提出了海域自然属性改变附加价值的评估，这为海洋生态环境损害评估和赔偿奠定了基础。同时，还介绍了不同用海方式海域使用金计算方法。总体来说，该书是对当时海域综合分等和海域使用金标准制定工作的总结，也是国内该领域多年研究成果的高度概括，为此后海域质量、效益评定和价值评估提供了充实的理论基础和成熟的技术方法手段，代表了当时国内这一领域的最新科研成果[1]。

2017年，曹可等著的《海域定级与基准价评估技术研究及辽宁实践》一书出版。该书中海域分等单元是以县（区、市）级行政单元作为征收的基本单元，在同一县（区、市）级行政单元内，同一用海类型按照统一的征收标准征收。由于县（区、市）级行政单元规模不同，相互之间发展不均衡，内部海域资源、生态环境条件存在差异。为了解决这个突出问题，该书详细介绍了海域定级方法和基准价评估方法，并以辽宁省海域作为试点进行实践[2]。

由贺义雄和勾维民著的《海洋资源资产价格评估研究》一书于2015年出版。这本书是海域资源有偿使用方面研究的又一次实践。该书为适应海洋资源资产价格评估发展需要，结合作者在该领域多年工作的实际经验，系统、全面地研究了海洋资源资产价格评估的理论、方法及应用，为海洋资源资产价格评估实践提供了指导，为我国海洋经济实现跨越式发展提供了支撑。书中探讨了海洋资源资产价格评估基础理论、基本事项、程序价格影响因素、基本方法、调查、成果形式与评价等内容；同时按照海域使用权、海洋生物资源资产、滩涂湿地及盐田资源资产、人工渔礁、海洋渔业生产设施与装备、海洋构筑物、海洋景观资源资产、海洋生态产品等不同类别，论述了海洋资源资产价格评估的方法[3]。

其他学者在此方面也发表了众多成果。早在2002年，陈明剑和何国祥[4]就发表了名为《我国海域分等定级指标体系研究》的文章。文章运用经济学中的"地租级差"理论和运筹学中的"层次分析法"，结合我国沿海11个省、自治区和直辖市的社会、经济、基础设施、自然资源等因素进行理论探讨，在调查各海域资源的自然状况和经济属性的基础上，建立了我国海域的"等""级"指标体系，并采用层次分析模型，通过专家系统计算各指标的权重，然后，根据省、自治区、直辖市海域的指标，计算确定了不同海域的"等"，并用同样的方法计算了省辖市不同海域的"级"。2003年，胥宁[5]发表了名为《海域分等定级制度浅析》的文章。文章参考其他行业的分等定级制度，对我国海域的分等定级进行了研究，初步建立了海域分等定级程序；在海域分等定级技术规范的基础上，研究了海域分等定级中的一些理论问题，尤其对海域分等定级的因素、因子体系的建立做了详细的探讨。同年，曹可和李娜[6]发表了名为《海域分等定级理论与方法研究》的文章。文章着眼于海域分等定级，就其定义、研究内容、评价指标和评价方法做出初步探索，为合理地确定海域使用金征收标准提供了依据，从而解决了当时各地海域使用金征收标准混乱的问题。随着我国在海域有偿使用制度和海域分等定级技术方面研究的日趋成熟，管理政策的不断完善，近年又涌现了众多学者的创新思想和研究成果。2014 年，钟太洋等[7]发表了名为《海域使用定级研究综述》的文章，文章从新的角度针对定级类型、定级方法、原则、权重确定、海域级别划分、定级指标选择和指标体系、指标标准化方法、定级单元划分、定级资料与数据获取等几个方面对海域使用定级进行了梳理和概括。2016 年，张静怡等[8]梳理了我国沿海行政单元的变化情况以及目前海域等别存在的问题，依据社会经济发展水平、自然环境条件等建立新的海域分等指标体系，并根据最新测算的指标数据提出海域分等调整方案。

20 多年来，关于海域分等定级方面的研究并不多，它是基础性的研究，是海域使用金征收标准制定的基础，是海域资源有偿使用制度改革的重要环节。

第2章　海域定级基础理论

2.1　自然资源价值理论

海域定级一般意义是将同一等别的海域细化成若干个更小级别的海域范围，目的是体现不同海域资源的价值，利用经济杠杆来实现自然资源利用的效益最大化。因此，自然资源价值理论是该项工作的基础理论。本节将通过前人的研究成果来讨论自然资源价值理论形成过程。

对自然资源价值的讨论首先是基于"价值"的存在。谈到"价值"，马克思在《资本论》中有这样的论述："每一种有用物，都可从二重见地去观察，即质的方面与量的方面。每一种有用物，都是许多性质的集合体，都可在种种方面有效用。"这一论述用来说明商品具有使用价值。物的效用，促使物具有使用价值。而使用价值是由使用或消费实现的。那么，人类生存必需的自然资源开发利用，其实是使用价值的一种体现。但使用价值是人类在"交换"中实现的，《资本论》指出："使用价值是交换之物质的担当者。交换价值，最先表现为一种使用价值与他种使用价值交换之量的关系或比例，这种关系是因时因地而不绝变化的。"这一论断说明，交换价值使商品有了量的概念，它也就是个量的概念。商品有了人类需要的使用价值，人们便有了易物的想法，而社会共识给这一使用价值的物价值量。

所以，《资本论》给物两方面的内容：一是"质"，即使用价值；二是"量"，即交换价值。但这两点还是抽象的，不是具象的。马克思在讨论中也赋予了这两点一个具象的工具，那就是"价值量"。因为，劳动力赋予了"使用价值"生命力，通过人类劳动将使用价值探索和挖掘出来，并为人类所需。"交换价值"使易物有了量的概念，社会必要劳动时间便使商品有了价值，而这一计量单位就是"价值量"，它决定了商品的价值大小。

之所以引用并论述以上内容，是通过上述讨论来反推自然资源价值的存在，马克思《资本论》物的价值理论形成了自然资源价值理论，即自然资源，是物的集成，是人类生存的必需，具有固有的使用价值。通过人类劳动将其探索、挖掘、开发利用，赋予自然资源新的属性，渐进地形成不同的商品种类供以交换，使其萌生交换价值，在交换过程中得到社会一般共识产生某一商品的价值量，使某一商品有了商品价值。而自然资源价值则是形成所有商品价值的总和。

综上所述，自然资源价值是固有存在的，并不是之前某些学者所认为的那样——它是自然资源枯竭、环境遭到破坏的产物，只是没有将其形成一个科学合理的价值核算体系。而近几年，随着人类对生态环境的重视，自然资源价值已被普遍认同，自然资源价值核算研究也相继出现并日趋成熟[9-10]。

2.2　海域资源价值理论

《海域法》中指出"海域，是指中华人民共和国内水、领海的水面、水体、海床和底土"，且明确指出"海域属于国家所有，国务院代表国家行使海域所有权。任何单位或者个人不得侵占、买卖或者以其他形式非法转让海域。单位和个人使用海域，必须依法取得海域使用权"。

海域资源是指供给人类生存的物质与能量和满足与服务人类生存的生态环境条件，包括自然资源和环境资源。将其分为两大部分的原因是海域不仅具有能够供给人类生存的物质和能量的一般自然资源属性，而且它同时具有可以充分满足人类生存的生态环境条件并服务于人类。海域是一个局部生态系统，海域资源包括海域空间资源、海岸资源、渔业资源、无居民海岛资源、能源资源（可再生能源资源和不可再生能源资源）和矿产资源等，海域环境资源包括水质环境资源、水深资源、底质资源和生物资源（海洋生物质量和基因库）等[1]。

海域资源具有自然资源的一般性，它是自然资源的重要组成部分，是国民经济和社会发展的重要物质财富之一。因此，自然资源价值理论体系适用于海域资源价值理论体系。海域资源价值包括两大部分：一是海域资源价值，它是具有一定价值量物的价值总和；二是海洋生态环境服务价值，它是具有一定价值量服务的价值总和。作者将海域资源价值公式总结如下：

$$V = \sum_{i=1}^{n} V_i + \sum_{j=1}^{k} V_j \tag{2.1}$$

式中，V 为海域资源价值总和；V_i 为第 i 类海域资源价值；V_j 为第 j 类海洋生态环境服务价值；n=1, 2, 3, 4, 5,…；k=1, 2, 3, 4, 5,…。

2.3　海域综合管理理论

海域综合管理是各级海洋行政管理部门代表政府履行的一项基本职责。它的核心内容包括：海域使用管理、海洋环境管理以及海洋权益管理。《中国海洋 21 世纪议程》把海域综合管理表述为：海洋综合管理应从国家的海洋权益、海洋资源、海洋环境的整体利益出发，通过方针、政策、法规、区划、规划的制定和实施，以及组织协调、综合平衡有关产业部门和沿海地区在开发利用海洋中的关系，以达到维护海洋权益，合理开发海洋资源，保护海洋环境，促进海洋经济持续、快速、协调发展的目的。

一般来说，海域综合管理包括 4 个方面的内容。

（1）海域综合管理不是对海洋的某一局部区域或某一方面的具体内容管理，而是立足全部海域和根本长远利益，对海洋整体、内容全覆盖的统筹协调的高层次管理形式。

（2）海域综合管理目标，体现国家对海洋资源管理和环境治理的系统性成效，确保海洋保护与利用相协调，保障海洋产业的可持续发展；

（3）海域综合管理侧重于全局、整体、宏观和共用条件的建立与实践。

（4）国家管辖海域之外的海洋利益的维护和取得，也是海域综合管理的基本任务。

公海区域的空间与矿产资源，是全人类的共同遗产，合理享用是各国的权利，当然各国也有维护公海区域自然环境的义务[1]。

2.4　区域差异与关联理论

区域差异和关联是地理学的基本学科属性，是地理区划的理论基础，也是指导不同尺度空间资源分区的核心理论。从与空间资源分区最密切的地理学分支——经济地理学来看，分级划区工作的本质就是根据"特定的需要"，在一个较大的（母）区域内，选定具体的要素，根据要素属性的区域内部的共同性、区域之间的差异性，把（母）区域划分为若干具有"同质性"的子区域的过程。基于空间差异与关联、分工与协作的理论是指导空间资源分区工作的基本理论。

区域差异与关联理论的核心如下。

（1）区域是客观存在的，区划工作是对区域的辨识和边界明确的过程。现象在地域分布上的差异就是区域，区域是地球表面若干要素组成的物质或现象体系。高层次的地域分异现象又总是和低层次的地域组合现象相伴而生。因此，在高一层的地域经济体系的不同单元之间，由于经济发展的时序不同，所处的阶段各异，结构和水平也不一致，从而出现了经济上的地域分异；而在地域经济单元的内部，为了地域经济发展的共同需要，必然会出现相应的地域组合。

（2）结节空间与均质空间具有抑制性，所以，以均质空间的边界识别为基本属性的空间发展方向也要认真研究区域中心-外围，或者由点-线-域面等要素的内部关联构成的结节空间的区域整体属性。从经济地理学的角度，一定地域经济单元在这种分异和组合的过程中都会形成一定规模和水平的经济中心，通过这一中心对其周围（吸引范围）的经济活动起组织和协调作用，同时也必然会形成相应的部门结构和地域结构。在生产社会化的条件下，出现了具有地域特点的专业化经济部门，形成了地域内外的经济联系。这些不同层次、不同类型、不同水平的地域经济单元，就是地域经济综合体。体现均质空间属性的经济区是地域经济综合体的外在形式，而体现结节空间属性的地域经济综合体是经济区的实质内涵。在区域发展空间区划过程中要研究地域综合体的作用边界、内部组织等问题，明确综合体的属性和空间范围。

（3）区域具有一定的层次性，意味着空间发展区划具有不同空间尺度。任何一个区域的规模和空间尺度可大可小，可以根据具体的空间或规模划分出若干不同层次区域。一定地域如果在高层次上，从宏观和整体上产生了分异，那么，在低层次上，从中观、微观和局部上就必然会出现相应的组合。一般来说，在地理学中，通常把区域（以中国为例）划分为国际尺度、国家尺度、地带尺度、省（区、市）尺度和市县尺度等几个层次。从区域层次的划分可以看出，任何一个区域是全球或全国的重要组成部分，又是比区域更小的若干系统的综合，具有承上启下的作用。所以，区域可持续发展既是国家乃至全球可持续发展的基础，又是比区域更小的地域生产系统可持续发展的综合。

（4）区域之间的差异是相对的，选择不同类型的指标和标准会形成不同类型的分区系统，而选择不同数量的指标和标准会形成不同空间分辨率的分区系统。空间发展区划需要针对具体的发展空间，根据政策制定的需要，选择不同类型的指标体系。

（5）区域之间的关联是普遍的，但是联系程度具有一定的差异，区划工作需要在客观存在的普遍联系构成的区域整体性与因联系强度差异而产生的相对独立的地域单元之间寻找平衡，设定新的区域划分标准。区域间关联的基本前提是区域间的差异，正如"水往低处流"的基本原理。区域之间关联发展的最终结果是减小区域之间的差异。区域经济成长的历程表明，区域经济空间结构演变的非均衡过程是空间集聚和扩散两股力量相互作用、彼此消长的结果[11-12]。

2.5　区　位　理　论

区位理论是体现海域资源价值优势和区域性经济优势的重要基础性理论，是体现与毗邻海洋功能区位置关系的重要依据。区位空间是抽象的几何空间，它把地理空间抽象为距离关系，经纬度差异、地形差异都不予考虑，除了经济关系外，其他方面关系也不予考虑。区位空间秩序的核心是距离衰减，即随着距离的增加，地理要素间的作用减弱。区位理论主要包括农业区位论、工业区位论、运输区位论、中心地学说等。

1. 农业区位论

德国农业经济学家约翰·海因里希·冯·杜能（Johann Heinrich von Thünen）在 1826 年出版的《孤立国同农业和国民经济的关系》中提出农业区位论，他的学说又称杜能农业区位论。农业区位论指以城市为中心，在自然、交通、技术条件相同的情况下，由内向外呈同心圆状分布的农业地带，因其与中心城市的距离不同而引起生产基础和利润收入的地区差异。

2. 工业区位论

1909 年，德国经济学家阿尔弗雷德·韦伯（Alfred Weber）在其《工业区位论》一书中首次系统地论述了工业区位论。中心思想就是区位因子决定生产场所，将企业吸引到生产费用最小、节约费用最大的地点。韦伯将区位因子分成适用于所有工业部门的一般区位因子和只适用于某些特定工业的特殊区位因子，如湿度对纺织工业、易腐性对食品工业。经过反复推导，确定 3 个一般区位因子：运费、劳动费、集聚和分散。

3. 运输区位论

1948 年美国经济学家埃德加·M. 胡佛（Edgar M. Hoover）提出运输区位论：运费由终点费（包括装卸费、仓库、码头、管理、保养维修等费用）和运行费（线路维修、管理、运输工具磨损、动能消耗、保险费、运输工人工资等）两部分组成，运行费与运输距离成正比，而终点费与运输距离无关，因此每吨公里的运费随运输距离增加而递减。

4. 中心地学说

1933 年德国地理学家瓦尔特·克里斯塔勒（Walter Christaller）在《南德的中心地》一书中提出有关城镇区位的一种理论，也称为中心地理论。该理论主要论述一定区域（国家）内城镇等级、规模、职能间关系及其空间结构等的规律和形成因素，并采用六边形图式对城镇等级和规模关系加以概括。主要特点是立足于城镇的服务职能，将城镇作为体系加以研究[11-12]。

2.6　空间经济扩展理论

1. 增长极理论

法国经济学家佩鲁在 1950 年首次提出增长极理论，该理论被认为是西方区域经济学中经济区域观念的基石，是不平衡发展论的依据之一。增长极理论认为：一个国家要实现平衡发展只是一种理想，在现实中是不可能的，经济增长通常是从一个或数个"增长中心"逐渐向其他部门或地区传导。因此，应选择特定的地理空间作为增长极，以带动经济发展。

狭义经济增长极有三种类型：一是产业增长极；二是城市增长极；三是潜在的经济增长极。广义经济增长极意为凡能促进经济增长的积极因素和生长点，其中包括制度创新点、对外开放度、消费热点等。基本点包括：①其地理空间表现为一定规模的城市；②必须存在推进性的主导工业部门和不断扩大的工业综合体；③具有扩散和回流效应。增长极体系有三个层面：先导产业增长；产业综合体与增长；增长极的增长与国民经济的增长。在此理论框架下，经济增长被认为是一个由点到面、由局部到整体依次递进，有机联系的系统。其物质载体或表现形式包括各类别城镇、产业、部门、新工业园区、经济协作区等。

增长极理论提出以来，被许多国家用来解决不同的区域发展和规划问题，这是因为它具有其他区域经济理论所无法比拟的优点：①增长极理论对社会发展过程的描述更加真实；②增长极概念非常重视创新和推进型企业的重要作用，鼓励技术革新，符合社会进步的动态趋势；③增长极概念形式简单明了，同时提出了一些便于操作的有效政策，使政策制定者容易接受。主要缺陷有：①增长极主导产业和推动性工业的发展，具有相对利益，产生吸引力和向心力，使周围地区的劳动力、资金、技术等要素转移到核心地区，剥夺了周围区域的发展机会，使核心地区域周围地区的经济发展差距扩大，这是增长极对周围区域产生的负效果；②扩散阶段前的极化阶段时间过于漫长，扩散作用是极化作用的反向过程，两者作用力的大小是不等的；③推动性产业的性质决定增长极不能带来很多就业机会；④新区开发给投资带来一定难度；⑤增长极理论是一种"自上而下"的区域发展政策，它单纯依靠外力（外来资本以及本地自然资源禀赋等），可能造成脆弱的国民经济。

2. 点轴理论

点轴理论（点轴开发理论）由波兰经济学家马利士和萨伦巴提出。点轴理论是增长极理论的延伸，从区域经济发展的过程看，经济中心总是首先集中在少数条件较好的区位，呈斑点状分布。这种经济中心既可称为区域增长极，也是点轴开发模式的"点"。点轴开发可以理解为从发达区域大大小小的经济中心（点）沿交通线路向不发达区域纵深地发展推移。

点轴模式是从增长极模式发展起来的一种区域开发模式。在一个广大的地域内，增长极只能是区域内各种条件优越，具有区位优势的少数地点。一个增长极一经形成，它就要吸纳周围的生产要素，使本身日益壮大，并使周围的区域成为极化区域。当这种极化作用达到一定程度，并且增长极已扩张到足够强大时，会产生向周围地区的扩散作用，将生产要素扩散到周围的区域，从而带动周围区域的增长。增长极的形成取决于推动型产业的形成。推动型产业一般又称为主导产业，是一个区域内起方向性、支配性作用的产业。一旦地区的主导产业形成，源于产业之间的自然联系，必然会形成在主导产业周围的前向联系产业、后向联系产业和旁侧联系产业，从而形成乘数效应。模式特征表现为：一是方向性和时序性。点轴渐进扩散过程具有空间和时间上的动态连续特征，是极化能量摆脱单点的限制走向整个空间的第一步。二是过渡性。点轴开发开始将开发重点由点转向了轴线，而多个点轴的交织就构成了网络，点轴开发成为网络形成的过渡阶段；随着区域网络的完善，极化作用减弱，而扩散作用增强，区域经济逐渐趋于均衡，因此，点轴渐进是区域不平衡向平衡转化的过程。

3. 核心-边缘理论

核心-边缘理论也是一种关于城市空间相互作用和扩散的理论，试图解释一个区域如何由互不关联、孤立发展，变成彼此联系、发展不平衡，又由极不平衡发展变为相互关联的平衡发展的区域系统。模型以核心和边缘作为基本的结构要素，核心区是社会地域组织的一个次系统，能产生和吸引大量的革新；边缘区是另一个次系统，与核心区相互依存，其发展方向主要取决于核心区。核心区与边缘区共同组成一个完整的空间系统。

核心区是具有较高创新变革能力的地域社会组织子系统，边缘区则是根据与核心区所处的依附关系，由核心区决定的地域社会子系统。核心区与边缘区共同组成完整的空间系统，其中核心区在空间系统中居支配地位。核心和边缘间的控制依赖关系是模式的基础，是内部（空间的）发展变化的根源。

（1）核心区域。弗里德曼所指的核心区域一般是城市或城市集聚区，它工业发达，技术水平较高，资本集中，人口密集，经济增长速度快。

（2）边缘区域。边缘区域是国内经济较为落后的区域。它又可分为两类：过渡区域和资源前沿区域，过渡区域又可以分为两类：①上过渡区域。这是联结两个或多个核心区域的开发走廊，一般处在核心区域外围，与核心区域之间已建立一定程度的经济联系，经济发展呈上升趋势，就业机会增加，具有资源集约利用和经济持续增长等特征。该区域有新城市、附属的或次级中心形成的可能。②下过渡区域。其社会经济特征处于停滞或衰落的向下发展状态。其衰落向下的原因可能是初级资源的消耗、产业部门的老化，以及缺乏某些成长机制的传递，放弃原有的工业部门，与核心区域的联系不紧密[11-12]。

第3章 不同空间尺度海域定级概述

3.1 定 义

海域级别：反映定级海域内资源质量的优劣程度，用来区分海域综合价值的高低。

海域定级：在全国海域分等的基础上，在海域分等单元内，根据海域自然条件、区位条件、资源利用程度和用海适宜条件等因素差异，对更小范围的海域进行评定并分为若干级别。

评价单元：将县（市、区）级行政单元按照规定比例划分为同样大小的若干更小区域。

定级单元：用包络线将质量相近、空间上彼此相邻的若干评价单元圈围起来的空间区域。定级单元与行政单元没有关联，但单元内资源质量和经济属性具有相对均一性。

不同尺度海域定级：从"不同尺度海域定级"这一短语的字面上可以看出，对其定义应体现两方面的意思：一是体现空间概念，不同尺度是对海域空间尺度大小的定义；二是同质化海域资源实施级别区分，定级是对表现资源优劣的定义。因此，本书将不同尺度海域级别划分定义为：基于不同空间尺度以表现资源优劣程度将海域划分成若干级别的过程。

不同尺度海域定级流程一般包括以下内容。

（1）编制方案。收集相关资料，编制工作方案。

（2）确定定级因素和因子。根据管辖海域的特点，对影响海域使用效益的资源环境条件因素进行综合分析，选取合适的评价因子，作为划分海域级别的指标体系。

（3）确定因素权重。依据定级因素与海域资源质量和资源经济价值的相关程度，确定各因素的相对重要性，并确定各因素权重值。

（4）收集资料与调查。定级资料收集、海域使用收益样点调查及现场踏勘。

（5）评价单元划分。评价单元可采用标准网格划分法，按照岸线长度或者海域面积的不同要求，在县（市、区）管辖海域内采用标准网格进行划分。

（6）评价因子分值计算。根据调查资料，按照指标体系，计算各基本单元因子分值。

（7）综合分值计算与级别划分。各分值加权求和，得到各评价单元总分值，按总分的分布排列和实际情况，划分海域级别，编制海域级别分值表。

（8）级别校核。在不同海域级别上进行海域收益测算或市场交易价格比对，对初步划分的海域级别进行验证和调整。

（9）级别图编绘。将位于同一级别分值区间的评价单元用包络线圈围，包络线区域内为同一级别。包络线区域内须进行异常斑点剔除，剔除原则按照毗邻基本单元 3 个以内或者异常区域范围占比 3% 以内。

（10）海域使用金标准测算。根据调查资料及调查样点，计算各级别海域使用金征收标准。

（11）报告编制。编制海域定级报告，完成定级工作。

3.2　基　本　理　论

3.2.1　基本原则

1. 资源禀赋差异原则

不同空间海域存在不同的海域资源禀赋条件，即海域存在区域空间上的资源质量差异性。海域定级应充分分析由于区位条件不同形成的海域资源禀赋分异状况，同时，将质量条件类似的海域划归同一海域级别。

2. 收益差异原则

海域资源质量的优劣，反映了海域资源值的高低，表明海域使用收益具有空间差异性。海域定级遵循级别与海域使用收益相对应的原则。

3. 节约利用原则

海域定级是在充分发挥海域资源、资本、劳动力、管理、技术等生产要素作用的前提下，实现对海域资源的节约集约利用。

4. 生态用海原则

海域定级充分体现海域资源的稀缺性，区分岸线、海湾等资源空间的价值差异，区分不同海水质量、底质条件海域价值差异。

3.2.2　理论路线

以生态文明建设为指导，海域资源高效利用为目的，深刻贯彻落实《关于海域、无居民海岛有偿使用的意见》为任务，促进海域资源有偿使用制度深化改革，坚持海域使用与资源环境承载能力相匹配，充分考虑地方海洋生态红线管理要求，通过价格杠杆引导海域使用布局和结构调整，促进海域资源合理开发和永续利用。综合考虑海域资源质量差异、重要生态系统差异、区位差异、社会经济发展差异，合理评估海域开发利用条件的空间分异，充分体现海域资源的客观价值。

3.3　技　术　路　线

3.3.1　基本思路

依据地方海域资源禀赋、自然条件、区位条件、资源利用条件、生态环境条件和用海适宜条件等评价因素，建立定级指标体系和评价模型，对每个评价单元进行资源综合分值计算。通过聚类分析，依据综合分值分布特征，分别将高值区和低值区自动聚类形成同一级别。最终以资源稀缺性为基础，将高值区域确定为高级别海域，将低值区域确定为低级别海域。采用"统一评价，同等定级"的定级思路，即针对每类指标体系，统一进行海域资源综合评价，同一等别的县级海域进行价值排序并实施级别划分。充分做到以下几点。

（1）政策引导，生态用海。坚持海域使用与资源环境承载能力相匹配，充分考虑海洋生态环境管理要求，通过价格杠杆引导海域使用布局和结构调整，促进海域资源合理开发和永续利用。

（2）遵循规律，科学评估。综合考虑海域资源质量差异、重要生态系统差异、区位差异、社会经济发展差异，合理评估海域开发利用条件的空间分异，充分体现海域资源的客观价值。

（3）综合平衡，调整适度。考虑海洋资源和经济发展现状，综合县级海洋管理部门和涉海企业诉求，定级结果和征收标准兼顾科学性、社会承受能力和海域使用管理需求，保证政策有效执行。

3.3.2　确定级别数量因素

《海域定级技术指引（试行）》中没有对海域级别划分数量做出规定。为科学确定级别数量，一般采用方案比选的方式，以最优方案的级别数量为最终确定的级别划分数量。综合考虑两方面因素：一是海域资源综合分值分布特征和聚类结果；二是海域管理实际要求。

海域资源综合分值是评价单元资源综合评价的结果分值，分值高低代表海域资源的价值指数高低。价值指数高代表资源价值高，价值指数低代表资源价值低。通过对地方海域资源统一评价，将产生海域资源综合分值自然分布特征。一般表现为具有相邻"同质化"评价单元，即相同分值区间的评价单元，会聚集在某个区域，通过聚类分析后，会出现分值区间高低不同的集聚区，高值区即高级别海域，低值区相对级别较低。而级别数量确定的目的是既要体现不同海域的资源稀缺情况，又不能将"同质化"海域过分细化。这既不合理，也不符合地方管理海域资源的要求。

方案比选主要从海域资源分配程度、级别空间分布格局合理性、海洋生态环境保护要求和重大发展战略符合性四方面进行。评定方法及标准如表 3.1 所示。

表 3.1　方案比选评定方法及标准

评定因素	评定方法及标准
海域资源分配程度	以能否表现海域资源的稀缺性为评定标准
级别空间分布格局合理性	以景观破碎度为测度，计算方法：$C_i = N_i / A_i$，式中，C_i 为景观 i 的破碎度；N_i 为景观 i 的斑块数；A_i 为景观 i 的总面积
海洋生态环境保护要求	以是否满足海洋生态环境保护要求为评定标准
重大发展战略符合性	以是否有利于重大发展战略实施为评定标准

3.3.3　实施步骤

不同空间尺度海域定级工作一般包括 3 个阶段，分别为现场调查与调研、研究分析与实施和成果提交。现场调查与调研阶段包括资料收集、数据准备、样点调研和现场踏勘 4 部分工作，以全面摸清海域资源、生态环境和社会经济情况。在完成现场调查与调研工作后，进行数据统计分析和资料整理，并根据海域资源禀赋、自然条件、区位条件、资源利用条件、生态环境条件和用海适宜条件等确定海域定级范围，将海域划分成若干评价单元，依据评价指标及其权重计算评价单元综合分值，根据计算结果对同一等别海域统筹进行海域级别划分。最后，将成果进行统计汇总，包括海域级别划分分布图、海域级别划分统计信息表和海域级别技术报告。具体技术路线如图 3.1 所示。

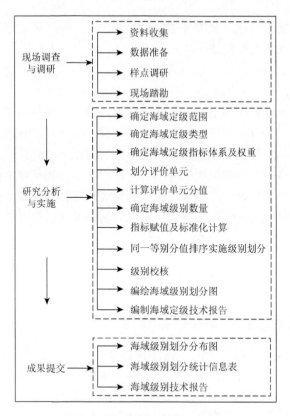

图 3.1　海域定级工作技术路线

3.4　研　究　任　务

不同空间尺度下海域定级工作主要任务是以生态文明建设为指导，海域资源高效利用为目的，深刻贯彻落实《关于海域、无居民海岛有偿使用的意见》，促进海域资源有偿使用制度深化改革。并根据海域资源禀赋、自然条件、区位条件、资源利用条件、生态环境条件和用海适宜条件等影响因素实施海域级别划分。具体任务如下。

（1）充分理解生态文明建设指导思想，全面贯彻落实《关于海域、无居民海岛有偿使用的意见》，明确深化改革海域资源有偿使用制度的具体任务。以此作为理论基础，深入不同尺度海域级别划分工作中。

（2）深入实地进行资料收集和基本情况调研。海域级别划分是海域资源有偿使用制度有效实施的基础性工作，必须对海域级别划分有充分了解，摸清不同地方海域的自然资源特征和实际用海需求，以达到"特性突出，均衡发展"的目的。

（3）建立科学合理的指标体系。指标体系建立要充分体现地方自然资源、生态环境的特征，既有共性，又不失独特性。这方面，除了要考虑评价因子的筛选外，还要在权重设置上有所体现。

（4）构建科学有效、操作性强的计算模型。模型的构建应符合地方海域基本特征，尤其是单因子全海域的计算模型。单因子往往表现的是某一因子对海域资源评价的影响情况，其实也是价值高低的体现。那么，如何能在全海域清晰、合理地表现某一因子在每个评价单元中的价值高低，这是要仔细思考的。

（5）实施海域级别划分。在完成以上任务的基础上，对同一等别海域（县级海域）进行分值排序，实施级别划分。这一过程中，要保护自然资源和生态环境的同质化特征，科学分析评价结果数据，制定级别划分数量方案并加以实验，以实验结果来确定海域级别数。最终，将同一等别海域（县级海域）划分为若干个级别海域。

3.5　研究意义

1. 落实生态文明精神，保障生态用海

不同空间尺度下海域定级工作是全面落实中央关于生态文明建设的重要举措，是新时代生态文明建设在海洋管理中的具体行动，是《关于海域、无居民海岛有偿使用的意见》确定的重要改革任务，对推动海洋生态文明建设、促进海洋经济持续健康发展具有重要意义。此次海域定级充分落实了地方海洋生态保护红线和海域资源保护要求，坚持海洋生态保护与开发利用相统一。

2. 推进精细化管理，优化空间布局

不同空间尺度下海域定级工作体现了因地施策的基本方针，根据海域资源禀赋、自然条件、区位条件、资源利用条件、生态环境条件和用海适宜条件等，划分海域级别，并按照不同级别海域的生态敏感性、资源稀缺性等特点制定不同用海方式的海域使用金征收标准，发挥经济杠杆引导用海远离资源稀缺区、生态红线区和生态敏感区，少采用对海洋生态环境影响较大的填海、非透水构筑物等用海方式。促进高效、集约、生态用海，科学配置海域资源，改善海域资源供给结构，优化海域利用空间布局，是精细化管理策略在海洋开发与管理中的有效运用。

第 4 章　海域资源环境评价

4.1　海域资源丰度综合评价

海域资源丰度综合评价是在充分调查的基础上对各类海域资源类型进行综合评价，包括海域资源分类、建立各类资源评价方法和结果分析。进行海域资源综合评价的目的是利用海域资源丰度来表现海域资源价值高低。海域资源丰度评价能够充分了解评价对象的资源禀赋，以达到海域资源保护优先、合理分配和科学使用的效果。

4.1.1　海域资源分类

海域资源是指海域空间资源、海岸资源、渔业资源、无居民海岛资源、能源资源（可再生能源和非再生能源）和矿产资源等。

海域空间资源，包括内水、领海的水面、水体、海床和底土的立体空间。

海岸资源，广义上是指近岸完整生态空间内的所有资源，而狭义上是指海岸线资源。本书对海岸资源评价不再进行扩展，所指的海岸资源就是狭义上的海岸线资源。但是，需要说明的是对海岸资源的讨论和研究并没有停止，作者本身也有较为深入的思考。因为，对海岸资源的评价和管理应是一个系统的研究，这不是本书的主要目的。所以，广义上的海岸资源应作为一个研究课题，对海岸资源的保护和利用有重大意义。

渔业资源，是海洋生物的总量。主要包括浮游生物量、游泳生物量和底栖生物量。

无居民海岛资源，无居民海岛属于海域管理范畴，它也应被列入海域资源。评价无居民海岛资源，应立足于海岛面积、海岛岸线和生态保护的考量。

海域能源资源，包括可再生能源和非再生能源。可再生能源分为潮汐能、风能、波浪能和温差能等。非再生能源包含了部分矿产资源的类别，如石油、天然气等，还包括生物资源。

矿产资源，主要是指非再生能源，分为石油、天然气和盐田等[13-15]。

海域资源类型如表 4.1 所示。

表 4.1　海域资源类型表

资源类型	资源内容
海域空间资源	包括滩涂、0～2m 水深、2～5m 水深、5～10m 水深、大于 10m 等
海岸资源	包括自然岸线、生态功能岸线、生物岸线和人工岸线
渔业资源	浮游生物量、游泳生物量和底栖生物量等
无居民海岛资源	对海岛面积、海岛岸线和生态保护级别
能源资源	可再生能源和非再生能源
矿产资源	石油、天然气和盐田等
……	……

4.1.2　评价方法

海域资源丰度评价，通过资源评价指标体系构建，建立各指标评估模型，采用层次分析法综合评价。

层次分析法[16]通过分析复杂系统所包含的因素及相关关系，将系统分解为不同的要素，并将这些要素划归不同层次，从而客观上形成多层次的分析结构模型。将每一层次的各要素进行两两比较判断，按照一定的标度理论，得到其相对重要程度的比较标度，建立判断矩阵。通过计算判断矩阵的最大特征值及其相应的特征向量，得到各层次要素的重要性次序，从而建立权重向量。

层次分析法确定权重的步骤如下。

（1）建立树状层次结构模型。

（2）确立思维判断定量化的标度。

具体判断标度确定原则如表 4.2 所示。

表 4.2　层次分析法判断标度确定原则

标度	含义
1	表示两个因素相比具有对等性
3	表示两个因素相比一个因素比另一个因素稍微重要
5	表示两个因素相比一个因素比另一个因素明显重要
7	表示两个因素相比一个因素比另一个因素强烈重要
9	表示两个因素相比一个因素比另一个因素极端重要
2、4、6、8	为上述相邻判断的中值

（3）构造判断矩阵。运用两两相比的方法，对各相关元素进行两两比较评分，根据中间层若干指标，可得到若干两两比较判断矩阵。

（4）计算权重。这一步将解决 n 个元素 $A_1, A_2, \cdots, A_n$ 权重的计算问题，通过两两比较的方法得到矩阵 A，解矩阵特征根，计算权重向量和最大特征根的方法有"和积法""方根法""根法"。"和积法"计算步骤如下。

对 A 按列规范化，即对判断矩阵 A 每一列正规化：

$$\bar{a}_{ij} = \frac{a_{ij}}{\sum\limits_{i=1}^{n} a_{ij}} \quad (i, j = 1, 2, \cdots, n) \tag{4.1}$$

再按行相加得和向量：

$$w_i = \sum_{i=1}^{n} a_{ij} \quad (i, j = 1, 2, \cdots, n) \tag{4.2}$$

将得到的和向量正规化即得权重向量：

$$\bar{w}_i = \frac{w_i}{\sum\limits_{i=1}^{n} w_i} \quad (i, j = 1, 2, \cdots, n) \tag{4.3}$$

计算矩阵最大特征根：

$$\lambda_{\max} = \sum_{i=1}^{n} \frac{(A\bar{w}_i)_i}{n(\bar{w}_i)_i} \tag{4.4}$$

（5）进行一致性检验。得到 $\lambda_{\max}$ 后，需进行一致性检验，这也是保证评价结论可靠的必要条件，该方法的 a_{ij} 为九级（$1, 2, \cdots, 9$ 及其倒数），由式 $|A-\lambda_{\max}|=0$ 解出 $\lambda_{\max}$ 及其对应的特征向量，其特征向量即权重向量。由 $\lambda_{\max}$ 可以估计比较判断的一致性：

$$\text{C.I.} = \frac{\lambda_{\max} - n}{n - 1} \tag{4.5}$$

当判断一致时，应该有 $\lambda_{\max}=n$，即 C.I.=0；不一致时，一般 $\lambda_{\max}>n$，因此 C.I.＞0。根据式（4.5）和查表 4.3 得到随机一致性指标 C.R.，可以进行一致性检验，即要满足：

$$\frac{\text{C.I.}}{\text{C.R.}} < 0.1 \tag{4.6}$$

表 4.3　关于平均随机一致性指标

指标	C.R.
3	0.58
4	0.90
5	1.12
6	1.24

续表

指标	C.R.
7	1.32
8	1.14
9	1.45
10	1.49
11	1.51

海域资源在空间分布上具有独立性和连续性特征。独立性表现为各类自然资源在评价单元内是相互独立的。连续性则表现为各类自然资源在地理空间及分布上具有连续性。因此，在评价模型的建立上必须要考虑各指标之间的独立性和连续性，确保评价单元内实现各指标的耦合性叠加。评价模型建立的科学性直接影响评价结果。

综上所述，将层次分析法和 ArcGIS 空间分析工具相结合归纳为海域资源评价调和模型，对海域资源进行综合评价分析。海域资源评价调和模型，即在充分考虑人类生活干扰的前提下，分析海域资源丰度的评价模型。

$$F = A \cdot \sum_{i=1, j=1}^{n} f_{ij} \cdot W_i \tag{4.7}$$

式中，F 为海域资源丰度评价结果；A 为调和系数指标；f_{ij} 为评价指标赋值；W_i 为对应评价指标权重；i=1, 2, 3, 4, 5, …；j=1, 2, 3, 4, 5, …。

4.1.3　示例实践

本节选择辽宁省海域作为评价分析海域，该海域自然资源的属性特征与其他沿海省份相比，不仅具有一般性，而且各类自然资源又具有代表性。不仅分布有生物资源、底质资源、重要滨海湿地及河口、旅游资源、能源资源等典型海域自然资源，而且具有各级别海洋自然保护区、海洋特别保护区、海洋重要地质公园以及海湾等重要地质和海域保护区。利用 ArcGIS 空间分析软件，对具体海域进行海域自然资源评价及空间分析[17-27]。

1. 自然资源概况

辽宁省管辖海域总面积 41312km²，横跨黄海、渤海两个海域。其中，渤海为内陆海域，北黄海则为半封闭海域。海岸线东起鸭绿江口，西至辽冀海岸分界点，大陆海岸线长约 2110km。按海岸的物质组成及其形态，可分为砂砾质海岸、淤泥质海岸、三角洲海岸、生物海岸等。辽东半岛南部基岩海岸广布，岸线曲折，海湾众多，水深港阔，岛礁林立，为港口建设和发展旅游、海水增养殖业等提供了优越的空间条件。黄海北部东段和辽东湾顶部淤泥质滩涂连片集中，河口湿地资源丰富，水浅滩缓，是发展海水增养殖、芦苇和水稻种植业的优质场所。辽东湾东、西两侧，以砂砾海岸为主。岬湾、砂砾岸、港址资源众多，利于辽宁省港口的合理布局，岸堤砂砾岸沙滩平缓，质地优良，水质清澈，深度适中，不仅是海滨砂矿的密集区，而且为发展滨海旅游业提供了极为优越的资源基础。有居民海岛 44 个，其中长山群岛的长海县是我国唯一的海岛边境县。沿海有 30 多条较大河流分别注入黄海、渤海，是各种海洋生物繁殖、生长的良好场所，分布有多类海洋生物的产卵场、索饵场和越冬场。全省沿海区域分布风能、潮汐能、波浪能、海砂、石油、天然气及盐田等多种自然资源且储量丰富。在资源储量丰富的同时，也存在着海岸、海域使用率高的特点。海洋成为污染输出和环境排放的空间载体。生活污水和工业废水排放量增大、污染物质处理效果不佳导致部分海域海洋生态灾害频发、生物多样性降低和养殖业减产等问题。

2. 评价指标体系

指标的选取遵循科学性、可操作性、动态完善原则[12]。本书将评价指标分为海域自然资源、调和系数两大类。确定指标评级的原则为评价指标在该海域的资源重要程度、消耗资源的程度及资源恢复的能力。

海域自然资源评价指标包括底质资源、水质资源、生物资源、水深资源、海域空间资源、岸线资源、能源资源、旅游资源、重要滨海湿地及河口共计 9 类。采用德尔菲法对评价指标进行打分。根据资源丰度的优劣度，依次按照"5、4、3、2、1"进行赋值，分别表示资源丰度高、资源丰度较高、资源丰度中、资源丰度较低、资源丰度低。具体评价指标体系及权重信息如表 4.4 所示。

表 4.4　评价指标体系及权重信息表

指标类型	指标	权重	指标说明
海域自然资源	底质资源	0.08	采用渤海、黄海共计 3083 个沉积物调查站位的调查结果，按照资源丰度进行分级
	水质资源	0.08	依据《2013 年辽宁省海洋环境状况公报》的调查结果，按照Ⅰ类水质、Ⅱ类水质、Ⅲ类水质、Ⅳ类水质及劣Ⅳ类水质进行分级
	生物资源	0.13	按照浮游生物的产卵场、索饵场及洄游线分布情况，对评价海域进行分级
	水深资源	0.08	采用渤海、黄海共计 512 个调查站位的调查结果和辽宁省滩涂数据，按照滩涂、0～5m、5～10m、10～20m、20～30m、30～40m、40～50m、大于 50m 进行分级
	海域空间资源	0.19	将海域使用权属数据，按照不同用海方式进行分级；收集各级海洋自然保护区、海洋公园、海洋特别保护区数据，按照保护级别进行分级

续表

指标类型	指标	权重	指标说明
海域自然资源	岸线资源	0.23	按照岸线使用现状，采用可利用岸线比重公式（引用省级《海洋主体功能区区划技术规程》）按照县级单元进行分级。公式：$r_t = 1-(L_d+L_p)/L_t$，r_t 为可利用岸线比重；L_d 为已开发利用岸线长度；L_p 为海洋类保护区内的岸线长度；L_t 为岸线总长度
	能源资源	0.03	通过调查资料与辽宁省海洋功能区划中矿产与能源区分布情况，按照县级行政单元进行分级
	旅游资源	0.15	收集海洋地质公园、重要滨海旅游度假区、自然景观与历史文化遗址、浴场等数据，结合水深资源进行分级
	重要滨海湿地及河口资源	0.03	收集重要河口及湿地数据，按照县级行政单元进行分级
调和系数	排污口达标率		依据《2013 年辽宁省海洋环境状况公报》，全省共计 47 个调查站位，将各市陆源排污口达标率作为调整系数，并按影响范围进行计算

3. 评价结果分析

辽宁省海域自然资源中海砂资源、生物资源及旅游资源丰度较高，在渤海和黄海均有分布。水质优劣度从近海至外海呈由低到高的趋势。水深较浅，主要为 0～50m 水深海域（含滩涂），大于 60m 的海域面积较小，主要分布在长海县海域至东港市外海域。海域空间资源、岸线资源紧缺。能源资源和重要湿地分布不均，石油、天然气资源主要分布在辽东湾海域，核能资源分布在兴城市、瓦房店市海域，而风能资源主要分布在庄河海域。同时，辽宁省海域也分布着盐场等资源。重要湿地主要是指双台子河口湿地和鸭绿江河口湿地。各评价指标分析结果如图 4.1 所示。

本节引用了作者之前对辽宁省海域资源综合评价的实践成果，通过海域资源各资源类型评价结果进行空间数据叠加，发现资源评价结果值分布区间为 0.13～4.43（图 4.2）。根据分析结果数据分布特性，采用阈值边界为 1.4、2.5、3.6、4.5进行分区，即 $F<1.4$、$1.4 \leqslant F<2.5$、$2.5 \leqslant F<3.6$、$3.6 \leqslant F<4.5$，分别为资源丰度低、资源丰度较低、资源丰度中、资源丰度较高四个区（图 4.2）。

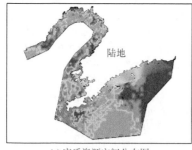

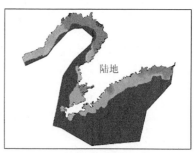

(a) 底质资源空间分布图　　　　　　　(b) 水质资源空间分布图

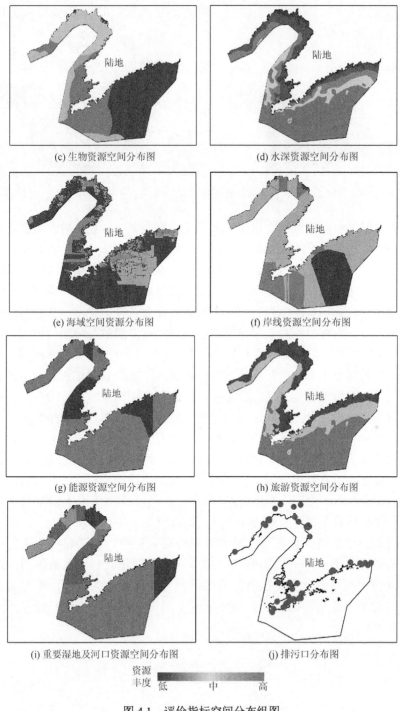

(c) 生物资源空间分布图 　　　　　(d) 水深资源空间分布图

(e) 海域空间资源分布图 　　　　　(f) 岸线资源空间分布图

(g) 能源资源空间分布图 　　　　　(h) 旅游资源空间分布图

(i) 重要湿地及河口资源空间分布图 　　　　　(j) 排污口分布图

资源丰度　低　中　高

图 4.1　评价指标空间分布组图

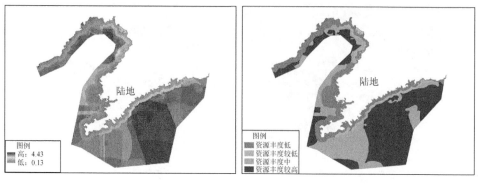

图 4.2　辽宁省资源综合评价结果分布图（见书后彩图）

　　评价结果显示，值域从近岸至深海呈从小到大分布。辽宁省海域资源丰度共分为四个级别，包括资源丰度低、资源丰度较低、资源丰度中、资源丰度较高，面积分别为 8973km²、1730km²、10791km²、19916km²。资源丰度较高的海域面积最大，约占辽宁省海域的 48%，主要分布在外海海域。该海域不存在资源丰度高的海域。近岸海域资源消耗较大，资源恢复能力较差。生活污水和工厂废水排水在近岸分布，入海河流污染物排放总量大，对海洋自然环境影响较大。海岸和近岸海域空间的高密度、高强度开发，集中于近岸 10m 等深线以浅海域，导致辽宁省海域空间资源不足。可开发海域空间占管辖海域的 65%，深远海将是未来海洋经济发展、沿海地区开发的重要空间。岸线可利用比重较低，全省可利用岸线比重仅为 26%。而可利用岸线主要为自然岸线，辽宁省岸线资源短缺。

　　作者对海域资源综合评价方法进行了探索与研究，以辽宁省为例对评价方法的实用性进行了检验。在其他海域进行评价时，可根据海域实际情况对评价指标体系进行调整。需要强调的是，应用海域资源评价调和模型时，评价指标体系的建立必须考虑在地理空间上具有连续性特征，并能保持评价指标在评价单元内的独立性。调和系数应充分考虑人类生活对海域资源的干扰。

　　虽然该方法的科学性在辽宁省海域已经得以证明，但仍存在不足之处。调和系数为综合指数，即调和系数应构建指标体系，建立调和系数模型，通过模型推算在研究海域进行分配赋值并应用，使评价结果更为客观。而对调和系数模型的研究是一个复杂的过程，需要更多学科的支持。这也是开展进一步研究工作的必要性。

4.2　海域生态环境质量综合评价

　　海域生态环境质量综合评价是在充分调查的基础上对各环境质量影响因素进行综合评价，包括海水水质质量、海洋沉积物质量、水深和海洋生境质量四大影响因素及其评价方法和评价结果分析。进行海域生态环境质量综合评价的目的是客观评估海域（或海区）生态环境质量，以调整资源利用政策，保护海域（或海区）的生态环境，有效减少开发利用过程中对生态环境的破坏，实现自然资源利用可持续，海洋经济高质量发展[28-36]。

4.2.1　海域生态环境综合影响因素

海域生态环境质量受海水水质质量、海洋沉积物质量、水深和海洋生境质量四方面因素影响。

海水水质质量，即海水水质环境质量。其影响因子较多，最终结果受多因子综合影响。主要评价因子包括：pH、溶解氧（dissolved oxygen，DO）、化学需氧量（chemical oxygen demand，COD）、无机氮（硝酸盐、亚硝酸盐、铵盐）、活性磷酸盐、悬浮物、石油类、重金属（铜、铅、锌、镉）。

海洋沉积物质量，即海洋沉积物环境质量。最终结果受多因子综合影响。主要评价因子包括重金属（汞、铜、铅、镉、锌、铬、砷[①]）、石油类。

水深，即海水容量大小。海洋因水深不同，生态环境容量不同，这直接影响自净能力，生存环境。评价时应对不同水深设定权重阈值。

海洋生境质量，能够反映海洋的生态环境质量，直接体现海洋生物生存条件的优劣程度。评价因子包括：叶绿素 a 和初级生产力、浮游植物、浮游动物、底栖生物（泥样）、潮间带生物、鱼卵仔鱼等。

海洋生态环境综合影响因素及评价因子如表 4.5 所示。

表 4.5　海洋生态环境综合影响因素及评价因子列表

影响因素	评价因子
海水水质质量	pH、溶解氧（DO）、化学需氧量（COD）、无机氮（硝酸盐、亚硝酸盐、铵盐）、活性磷酸盐、悬浮物、石油类、重金属（铜、铅、锌、镉）
海洋沉积物质量	重金属（汞、铜、铅、镉、锌、铬、砷）、石油类
水深	0m、5m、10m……
海洋生境质量	叶绿素 a 和初级生产力、浮游植物、浮游动物、底栖生物（泥样）、潮间带生物、鱼卵仔鱼等

通过对以上影响因素及评价因子的分析，将海洋生态环境质量综合评价指标归纳为两个一级指标，分别为海洋环境质量和海洋生境质量。海洋环境质量包括三方面影响因素：海水水质质量、海洋沉积物质量和水深，二级指标如表 4.5 所示评价因子一栏；海洋生境质量包括海洋生境质量一方面影响因素，二级指标如表 4.5 所示评价因子一栏。

---

① 砷虽不是金属，但其化合物具有金属属性，本书将其归入重金属一并统计。

4.2.2　影响因子分析方法

基于 4.2.1 节海域生态环境综合影响因素的分析和归纳总结，对应表 4.5 评价因子一栏中的各评价因子在本节中给出分析方法和依据标准，如表 4.6 和表 4.7 所示。

表 4.6　海水水质影响因子分析方法及依据标准

调查项目		分析方法	依据标准
水温		多参数水质分析仪	GB 17378.4—2007
盐度		多参数水质分析仪	GB 17378.4—2007
水色		比色法	GB 17378.4—2007
水深		测深绳法	GB/T 12763.2—2007
透明度		透明度圆盘法	GB 17378.4—2007
浊度		浊度计法	GB 17378.4—2007
pH		多参数水质分析仪	GB 17378.4—2007
溶解氧		多参数水质分析仪	HJ 506—2009
化学需氧量		碱性高锰酸钾法	GB 17378.4—2007
悬浮物		重量法	GB 17378.4—2007
氨氮		次溴酸盐氧化法	GB 17378.4—2007
硝酸盐		锌镉还原法	GB 17378.4—2007
亚硝酸盐		萘乙二胺分光光度法	GB 17378.4—2007
活性磷酸盐		磷钼蓝分光光度法	GB17378.4—2007
石油类		荧光分光光度法	GB 17378.4—2007
重金属	铜	无火焰原子吸收分光光度法	GB 17378.4—2007
	铅	无火焰原子吸收分光光度法	GB 17378.4—2007
	锌	火焰原子吸收分光光度法	GB 17378.4—2007
	镉	无火焰原子吸收分光光度法	GB 17378.4—2007

表 4.7　海洋沉积物质量影响因子分析方法及依据标准

沉积物质量调查项目		分析方法	依据标准
石油类		环己烷萃取荧光分光光度法	GB 17378.5—2007
重金属	铜	无火焰原子吸收分光光度法	GB 17378.5—2007
	铅	无火焰原子吸收分光光度法	GB 17378.5—2007
	锌	无火焰原子吸收分光光度法	GB 17378.5—2007
	镉	无火焰原子吸收分光光度法	GB 17378.5—2007
	总汞	原子荧光法/冷原子吸收光度法	GB 17378.5—2007

1. 海水水质质量、海洋沉积物质量分析方法

海水水质质量、海洋沉积物质量各调查项目的分析方法均根据海洋调查规范（GB/T 12763—2007 系列标准）、海洋监测规范（GB 17378—2007 系列标准）。

2. 海洋生境质量分析方法

叶绿素的样品使用孔径 0.65μm 的 GF/F 滤膜过滤水样 400mL，对折铝箔包裹后置于–20℃冰箱中保存。叶绿素 a 的测定用 90%的丙酮萃取后使用分光光度计测定波长为 750nm、664nm、647nm、630nm 处的溶液消光值。做浊度校正的 750nm 处吸光值小于 0.005。

使用浅水Ⅲ型浮游生物网自水底至水面拖网采集浮游植物。采集到的浮游植物样品用 5%甲醛溶液固定保存。浮游植物样品经过静置、沉淀、浓缩后换入储存瓶并编号，处理后的样品使用光学显微镜采用个体计数法进行种类鉴定和数量统计。个体数量以 $N×10^4$cells/m^3 表示。

浮游动物样品使用大网（浅水Ⅰ型浮游生物网）和中网（浅水Ⅱ型浮游生物网）自底至表垂直拖取采集。所获样品用 5%的甲醛溶液固定保存。浮游动物样品分析采用个体计数法和直接称重法（湿重）。浮游动物个体计数：采用大网和中网样品分别计数，以 ind/m^3 为计算单位。浮游动物湿重生物量：采用大网样品，以 mg/m^3 为计算单位。

底栖生物样品采用抓斗式采泥器采集，采样面积均为 0.1m^2。将采集到的沉积物样品倒入底栖生物分样筛中，提水冲掉底泥，挑选所有动物，放入标本瓶中，贴上标签，用 5%甲醛溶液固定，运回实验室后用体视显微镜对生物进行鉴定和计数，用天平称重。

3. 海水水质质量、海洋沉积物质量评价

基于"1. 海水水质质量、海洋沉积物质量分析方法"中分析结果，分别依据《海水水质标准》（GB 3097—1997）、《海洋沉积物质量》（GB 18668—2002）进行评价，如表 4.8 和表 4.9 所示。

表 4.8　海水水质标准　　　　　　（单位：mg/L）

评价项目	第一类	第二类	第三类	第四类
水温	人为造成的海水温升夏季不超过当时当地1℃，其他季节不超过2℃		人为造成的海水温升不超过当时当地4℃	
pH	7.8～8.5		6.8～8.8	
悬浮固体（SS）	人为增加的量≤10		人为增加的量≤100	人为增加的量≤150

续表

评价项目	第一类	第二类	第三类	第四类
溶解氧（DO）＞	6	5	4	3
化学需氧量（COD）≤	2	3	4	5
无机氮（以 N 计）≤	0.2	0.3	0.4	0.5
活性磷酸盐（以 P 计）≤	0.015	0.03	0.045	
非离子氨（以 N 计）≤		0.02		
石油类≤	0.05		0.3	0.5
铜≤	0.005	0.01	0.05	
铅≤	0.001	0.005	0.01	0.05
锌≤	0.02	0.05	0.1	0.5
镉≤	0.001	0.005	0.01	

表 4.9　海洋沉积物质量标准　　　　（单位：mg/kg）

评价项目		第一类	第二类	第三类
有机碳（$\times 10^{-2}$）≤		2	3	4
硫化物（$\times 10^{-6}$）≤		300	500	600
石油类（$\times 10^{-6}$）≤		500	1000	1500
重金属（$\times 10^{-6}$）	铜≤	35	100	200
	铅≤	60	130	250
	锌≤	150	350	600
	镉≤	0.5	1.5	5

4. 海洋生境质量评价

海洋生境质量评价是生态环境评价的重要内容之一，目的在于通过海洋生物分布特征、生物量和生物群落组成的调查，了解被调查海区敏感类、关键类及经济类生物、生态现状及变化情况。

海洋生境质量依据《海洋监测规范 第 7 部分：近海污染生态调查和生物监测》（GB 17378.7—2007）附录 B "污染生态调查资料常用评述方法" 中的方法，进行如下参数统计。

（1）香农-韦弗（Shannon-Weaver）多样性指数：

$$H' = \sum_{i=1}^{S} P_i \log_2 P_i \qquad (4.8)$$

式中，H' 为种类多样性指数；S 为样品中的种类总数；P_i 为第 i 种的个体数（n_i）

或生物量（w_i）与总个体数（N）或总生物量（W）的比值$\left(\dfrac{n_i}{N}\text{或}\dfrac{w_i}{W}\right)$。

（2）均匀度（Pielou 指数）：

$$J = \frac{H'}{H_{\max}} \tag{4.9}$$

式中，J 为均匀度；$H_{\max} = \log_2 S$，表示多样性指数的最大值。

（3）优势度：

$$D = \frac{N_1 + N_2}{\text{NT}} \tag{4.10}$$

式中，D 为优势度；N_1 为样品中第一优势种的个体数；N_2 为样品中第二优势种的个体数；NT 为样品中的总个体数。

（4）丰度：

$$d = \frac{S - 1}{\log_2 N} \tag{4.11}$$

式中，d 为丰度；N 为样品中的生物个体数。

叶绿素 a 计算公式如下：

$$C_{\text{Chla}} = (11.85E_{664} - 1.54E_{647} - 0.08E_{630}) \times V_1/V_2 \tag{4.12}$$

式中，C_{Chla} 为叶绿素 a 的质量浓度（μg/L）；V_1 为提取液的体积（mL）；V_2 为过滤海水的体积（L）；E_{664}、E_{647} 和 E_{630} 分别为不同波长处 1cm 光程经浊度校正后的消光值。

依据《近岸海域环境监测规范》（HJ 442—2008）中提供的参考指标（表 4.10）进行等级评价。

表 4.10 海洋生境质量评价标准

种类多样性指数 H'	生境质量等级
$H' \geqslant 3.0$	优良
$2.0 \leqslant H' < 3.0$	一般
$1.0 \leqslant H' < 2.0$	差
$H' < 1.0$	极差

5. 海域生态环境综合评价

生态环境综合评价见下式：

$$\text{HQI}_j = \sum_{j,i=1}^{n} f_{ji} \cdot w_{ji} \tag{4.13}$$

式中，HQI_j 为站位 j 的海洋环境质量评价指数；f_{ji} 为站位 j 第 i 个评价因子的评价结果；w_{ji} 为站位 j 第 i 个评价因子的权重值。

$$\mathrm{ERI}_j = \sum_{j,i=1}^{n} u_{ji} \cdot v_{ji} \qquad (4.14)$$

式中，ERI_j 为站位 j 的海洋生境质量评价指数；u_{ji} 为站位 j 第 i 个评价因子的评价结果；v_{ji} 为站位 j 第 i 个评价因子的权重值。

采用单因子污染指数 I_{ij} 和综合指数法进行评价。生态环境质量状况用生态环境综合指数 E_j 表示，计算公式如下：

$$E_j = 0.25 \times \mathrm{HQI}_j + 0.75 \times \mathrm{ERI}_j \qquad (4.15)$$

4.2.3 示例实践

随着对环境问题及其规律的认识不断深化，人们对海洋环境关注的焦点不再局限于排放污染物引起的水质问题，还包括沉积物质量、生物质量、生态健康和栖息地完整性等综合性问题，而海域生态环境质量评价可以反映被评价海域的生态环境质量总体情况。从我国现行的国家—省—市—县—乡镇五级管理体制看，县级海域管理作为国家实现海洋生态综合管控的关键环节，发挥着承上启下的重要作用。但目前国内关于县级海域生态环境质量综合评价的研究仍处于初级阶段，多是从全国近岸海域范围进行分析，并没有形成统一的方法和指标体系。因此，在县级尺度上进行海域生态环境质量评价研究，有助于构建国家生态环境质量评价技术体系，为提升县级海域管控能力和水平提供科学依据。本节以辽宁丹东东港市为评价对象，进行示例实践。

1. 海洋环境概况

东港市位于辽宁省最东部，辽东半岛东部，我国大陆海岸线的最北端，东濒鸭绿江与朝鲜隔江相望，南邻黄海与韩国、日本等国家一海相连，西与大连和鞍山接壤，北与本溪和吉林为邻，是连接朝鲜半岛与中国及欧亚大陆的主要陆路通道，是辽宁省乃至东北地区对外开放的重要门户。管辖海域面积约 343587hm²，大陆海岸线长 125km，岛屿岸线长 34km。具有优良的海洋生态环境、丰富的海洋特色资源、良好的海洋经济发展基础[《丹东市海洋功能区划（2013～2020 年）》]。

2017 年，东港市海域水环境状况基本稳定。陆源入海排污口（小型入海河流）达标排放次数比率为 84.8%，主要超标污染物（或指标）为化学需氧量、总磷、氨氮；由鸭绿江、大洋河这两条河流携带入海的主要污染物总量为 105.6 万 t，较往年有所增加，主要污染物（或指标）为化学需氧量、无机氮、磷，其对邻近海域海洋功能区环境产生了较为明显的影响；近岸局部海域水体污染等环境问题依然突出，近岸海域水质与海洋功能区要求还有差距；海水增养殖区综合环境状况良好；海水入侵和土壤盐渍化范围基本稳定。

2. 评价指标体系

东港市海洋环境质量的影响因子包括深度、有机污染指数、重金属污染指数、沉积物重金属污染风险指数、初级生产力指数、浮游植物多样性指数、浮游动物多样性指数、底栖生物多样性指数。采用层次分析法依据评价因子的影响程度确定权重，如表 4.11 所示。

表 4.11　海洋生态环境质量综合评价指标

序号	目标层	权重	评价要素	评价因子	权重（w/v）
1	海洋环境质量	0.25	水深	深度	0.0625
2			海水水质质量	有机污染指数	0.0625
3				重金属污染指数	0.0625
4			沉积物质量	沉积物重金属污染风险指数	0.0625
5	海洋生境质量	0.75	海洋生境质量	初级生产力指数	0.1875
6				浮游植物多样性指数	0.1875
7				浮游动物多样性指数	0.1875
8				底栖生物多样性指数	0.1875

东港市管辖海域面积约 343587hm^2。其中，0～5m 水深海域面积约为 62521hm^2；5～10m 水深海域面积约为 42115hm^2；10～15m 水深海域面积约为 34888hm^2；15～20m 水深海域面积约为 48564hm^2；20～25m 水深海域面积约为 55737hm^2；25～30m 水深海域面积约为 37087hm^2；30～35m 水深海域面积约为 13288hm^2；35～40m 水深海域面积约为 19466hm^2；大于 40m 水深海域面积约为 29921hm^2。丹东市海域结构优势明显，10m 水深以内浅滩占比达 30%，可充分满足近岸海域发展需求。10～20m 水深宜港海域占比约 24%，有利于港口发展战略的实施，且 25m 以内水深海域空间广阔，适宜较大吨位港口发展。25m 以上水深海域空间占比约为 29%，为深海养殖等海水养殖产业升级留有发展空间。总体来看，丹东市海域水深结构分布较为均匀，水深梯度差异明显，适合各海洋产业有序发展。

东港市有机污染指数较高的海域集中在大洋河以西海域，由该海域向东呈梯度减小，值域范围为 1.0～4.0。大洋河以西海域有机污染指数高的原因在于，该海域用海活动多样且频繁，用海活动包括城镇建设填海造地用海、旅游基础设施用海、围海养殖用海、渔港，且分布居民地和农田。生活污水和养殖、种植污水排放导致该海域有机污染指数较高。东港市海域有机污染指数分布如图 4.3 所示。

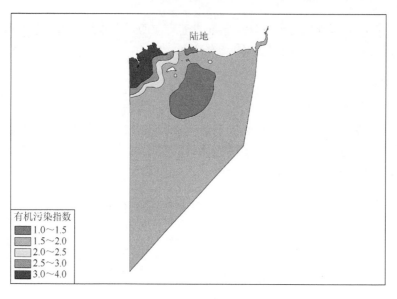

图 4.3 东港市海域有机污染指数分布图

东港市海域重金属污染指数较高，分布在以鸭绿江口至东向西近岸海域，由近岸向海呈现梯度减小，值域范围为 0.4～1.2。近海海域重金属污染指数较高的原因在于近岸港口、渔港分布较多，工业生产活动比较频繁。东港市海域重金属污染指数分布如图 4.4 所示。

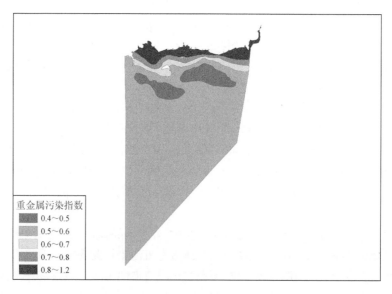

图 4.4 东港市海域重金属污染指数分布图

东港市海域沉积物重金属污染风险指数较前两个指标呈现出不均匀的空间分布形态，多为斑块态。值域范围为 34～55。但高值集中在海洋红港以南海域，其他高值区分布在大鹿岛南侧北侧海域和獐岛西北侧海域。大鹿岛南侧北侧海域和獐岛西北侧海域出现高值的原因在于，近年来，自然灾害导致大量贝类生物死亡沉积，加之近岸港口、渔港、工业活动频繁，长年积累导致沉积物重金属污染风险指数升高。而海洋红港以南海域出现高值的原因初步判断是受大洋河污染输入和西侧人类活动的综合影响。大洋河两侧用海活动影响海水动力，导致污染物在该海域沉积积累，从而导致沉积物重金属污染风险指数升高。东港市海域沉积物重金属污染风险指数分布如图 4.5 所示。

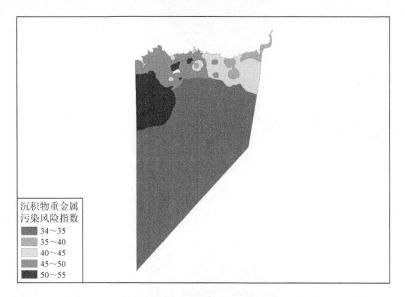

图 4.5　东港市海域沉积物重金属污染风险指数分布图

东港市初级生产力指数较高海域出现在大洋河以西海域。由该海域向东呈现梯度减小，值域范围为 27～104。东港市海域初级生产力指数分布如图 4.6 所示。

东港市海域浮游植物多样性指数由近岸向外海呈现梯度减小的趋势，值域范围为 1.3～3.0。大洋河以西海域出现低值聚集区。东港市海域浮游植物多样性指数分布如图 4.7 所示。

东港市海域浮游动物多样性指数高值分布在鸭绿江口由东向西至北井子镇海域。大洋河以西海域出现低值聚集区。值域范围为 1.334～2.145。东港市海域浮游动物多样性指数分布如图 4.8 所示。

　　东港市海域底栖生物多样性指数高值分布在大洋河以西海域，出现低值聚集区。值域范围为 1.72～2.00。东港市海域底栖生物多样性指数分布如图 4.9 所示。

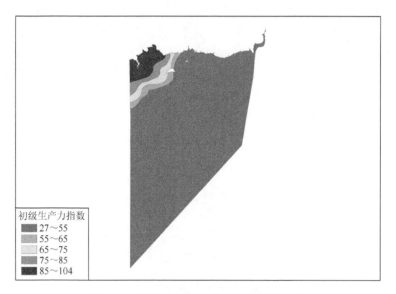

图 4.6　东港市海域初级生产力指数分布图

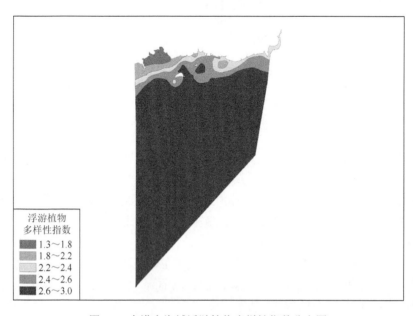

图 4.7　东港市海域浮游植物多样性指数分布图

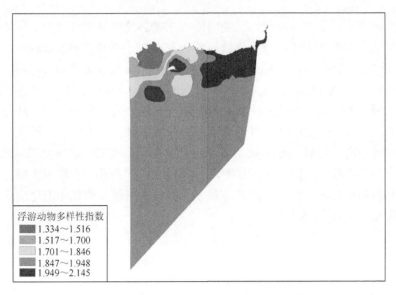

图 4.8 东港市海域浮游动物多样性指数分布图

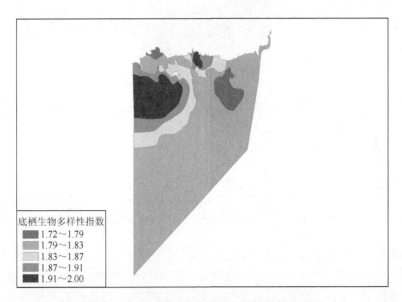

图 4.9 东港市海域底栖生物多样性指数分布图

3. 评价结果分析

海域生态环境质量综合指数值域为 0～1。基于综合指数设定阈值范围作为质量优良的级别: (0.8, 1.0]为优, (0.6, 0.8]为良, (0.4, 0.6]为中, (0.2, 0.4]为差, [0, 0.2]为极差。

　　各指标综合评价结果显示，东港市海洋生态环境质量总体情况呈现外海好于近岸海域，生态环境质量综合指数值域范围在 0.37～0.70。根据海域生态环境质量综合指数评级的阈值范围，将东港市海域生态环境质量综合指数划分为 [0.37, 0.40]、(0.40, 0.60]、(0.60, 0.70] 三个级别（图 4.10）。最终，评价级别显示，东港市海域生态环境质量没有"优""极差"海域，"良"海域分布在外海海域，大约以大于 10m 等深线为界，以外海域生态环境质量为"良"。生态环境质量"中"的海域分布在海岸线以下至 10m 等深线区间，中间分布有生态环境质量"差"的海域。生态环境质量"差"的近岸海域分别分布在大洋河口西岸和鸭绿江口国家湿地观鸟园附近海域，以及大鹿岛向东 8.5km 处。东港市海域生态环境质量综合评价结果如图 4.11 所示。

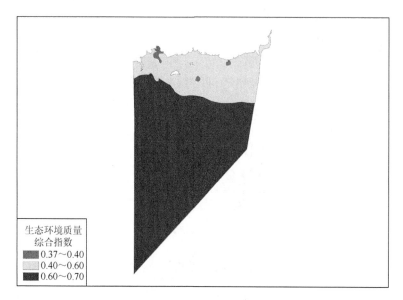

图 4.10　东港市海域生态环境质量综合指数分布图

　　经统计，东港市海域生态环境质量为"良"的面积约为 254177hm²，占比约 74%；"中"海域面积约为 87281hm²，占比约 25%；"差"海域面积约为 2129hm²，占比约 1%。

　　县级海域生态环境质量改善是我国海洋生态环境整体改善的关键，是人民获得海洋生态系统服务福祉的基本前提。因此，本节基于科学有效的海域生态环境评价方法，针对关键问题和主要影响因素，提出切实可行的合理化建议，以及改善县级海域生态环境质量的长效机制。

1）管理措施

（1）建立健全县级海域生态环境常态化监视监测体系。

　　布设县级海域生态环境质量动态监测站和固定监测站。动态监测站是在县级全海域内均匀布设动态监测站位并定期取样监测；固定监测站是在县级海域内关键海域布设固定监测站位实施监测及数据上传，以更有效地掌握海洋生态环境质量情况，最大限度降低海洋生态环境质量损害事件发生的风险。

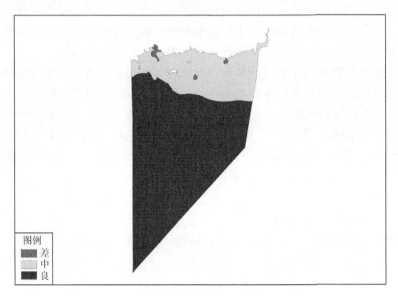

图 4.11　东港市海域生态环境质量综合评价结果

（2）建立健全县级海域生态环境损害评估机制。

县级海域管理部门按年度向省级政府上报海域生态环境损害评估计划和预算，由省级政府批准并划拨财政预算。县级政府海洋管理部门组织开展海域生态环境损害评估工作，依据评估结果有针对性地制定海域生态环境损害修复计划，经专家认定后上报省政府获批。

（3）完善我国海洋生态环境损害赔偿制度。

我国海洋生态环境损害赔偿制度还不完善，大多情况是事件性的生态赔偿。而海洋生态环境损害赔偿应是一般性的。除突发性事件生态赔偿外，企业一般性用海造成的海洋生态损害也应进行赔偿。因此，应着手构建我国海洋生态赔偿管理体系，完善海洋生态环境损害质量赔偿制度，通过经济杠杆改善海洋生态环境质量，提高海洋生态环境服务能力。

2）建议

（1）加强对大洋河口、鸭绿江口、近岸陆域主要工业排污海域的常态化监测，实时掌握污水排海企业的排污达标情况，必要时应建立长期监测站以实现数据实时上传。

（2）建立沿海企业与政府的生态环境质量损害风险联动机制。企业和政府必须加强海域生态环境质量损害风险意识，对可能造成危害海洋生态环境的行为具有较强的敏感性并加以制止。双方签订海洋生态环境质量损害风险联合责任主体协议，企业和政府共同担负海洋生态环境损害责任。

（3）完善地方沿海企业污水排海达标上报制度。企业应上报政府有关部门排海污水达标情况并保存排海污水水样以便抽测；政府应对主要排污海域进行取样测试，定期对企业排海污水留样情况实施抽测。

（4）建立县级海域生态环境质量评价制度。将县级海域生态质量环境制度纳入地方政府工作年度计划以及在年终政府工作报告中加入相应的内容。

（5）制定东港市海域生态环境质量分级管控制度。生态环境质量"良"的海域严格管控近岸捕捞强度，严格审批倾倒区和锚地区，对其实施常态化监测做好风险防控；生态环境质量"中"的海域鼓励自然养殖方式，近岸养殖逐步向外海转移，加快推进海岛、近岸海域环境与生物资源修复，分类分批清除、清退保护区内构筑物；生态环境质量"差"的海域开展生态环境整治工作，通过保护手段提升海域生态环境质量，设立固定监测站，全面掌握相关海域的生态环境质量数据，精准把握生态环境质量问题，及时有效地实施治理。

第5章 省级海域定级技术方法与实践

省级海域定级是指在省、自治区、直辖市所管辖海域内在海域等别基础上实施的级别划分，确定海域级别的工作，具有管辖海域面积大、海域资源状况复杂多样的一般特性。工作内容主要包括编制实施方案和海域级别划分的实施两大部分。

5.1 实施方案的编制

省级海域定级实施方案中一般包括总体目标、工作内容、工作进度安排、承担单位与人员分工和预期成果等内容。预期成果一般包括海域定级实施方案、海域定级调研报告、海域级别图、海域定级信息统计表和海域定级技术报告。工作进度安排、承担单位与人员分工依据实际情况而定。下面对总体目标和工作内容进行详细描述。

5.1.1 总体目标

总体目标的提出应符合实际管理需求，科学合理，具有较强的可行性。省级海域定级实施方案应明确工作总体目标，一般包括三部分内容：一是充分了解地方各级政府自然资源管理部门在海域资源管理方面的实际需求；二是分析地方各级政府自然资源管理部门在海域资源管理方面存在的困难和问题，并给出相应的措施和建议；三是根据海域资源禀赋、自然条件、区位条件、资源利用条件、生态环境条件和用海适宜条件等综合评估，划分海域级别。

下面以辽宁省为例进行介绍。

为贯彻落实财政部、自然资源部的工作部署，保障辽宁省海域定级工作的科学、有效实施，本次海域定级工作应完成如下目标：

（1）政策引导，生态用海。坚持海域使用与资源环境承载能力相匹配，充分考虑海洋生态红线管理要求，通过价格杠杆引导海域使用布局和结构调整，促进海域资源合理开发和永续利用。

（2）遵循规律，科学评估。综合考虑海域资源质量差异、重要生态系统差异、区位差异、社会经济发展差异，合理评估海域开发利用条件的空间分异，充分体现海域资源的客观价值。

（3）综合平衡，调整适度。考虑海洋资源和经济发展现状，优化资源配置，综合县级海洋管理部门和涉海企业诉求，定级结果和征收标准兼顾科学性、社会承受能力和海域使用管理需求，保证政策有效执行。

5.1.2　工作内容

省级海域定级实施方案中的工作内容一般包括总体设计、资料收集与调查、海域级别划分等。

（1）总体设计，应指出海域定级类型、具体的工作流程以及预期成果等。

（2）资料收集与调查，包括资料收集、数据准备和样点调研及现场踏勘。资料收集一般包括海洋政策性文件、海洋基础研究资料、海洋统计资料及公报、各行业及海洋相关规划资料等的收集；数据准备一般包括遥感影像、基础地理、海洋功能区划、海洋生态红线区等数据的准备；样点调研及现场踏勘一般依据地方自然资源禀赋和用海特征，针对同一等别海域不同市、县管辖海域进行样点筛选，并保证每个市、县管辖海域每类用海方式调研样点不少于 3 个。

（3）海域级别划分，包括确定定级范围、定级类型与指标体系筛选、评价单元划分等内容。

下面以辽宁省为例进行介绍。辽宁省海域定级工作包括 3 个阶段。

前期调研：包括资料收集、数据准备、样点调研和现场踏勘四部分工作内容。以此达到全面摸清辽宁省海域自然资源、生态环境和社会经济情况的目的。

工作实施：包括确定海域定级思路→设计海域定级技术路线→确定海域定级与评价范围→划分评价单元→确定海域定级类型→确定海域定级指标体系→海域自然资源综合评价→确定级别划分数量→确定海域定级方案→编绘海域级别图。

成果提交：包括辽宁省海域定级实施方案、辽宁省海域定级调研报告、辽宁省海域级别图、辽宁省海域定级信息统计表和辽宁省海域定级技术报告。

辽宁省海域定级流程如图 5.1 所示。

1. 辽宁省海域定级实施方案总体设计

按照《财政部 国家海洋局印发〈关于调整海域 无居民海岛使用金征收标准〉的通知》（财综〔2018〕15 号）要求，根据辽宁省海域使用现状特点，对填海造地用海、非透水构筑物用海、开放式养殖用海、围海式游乐场用海、浴场用海、开放式游乐场用海进行海域定级（表 5.1）。

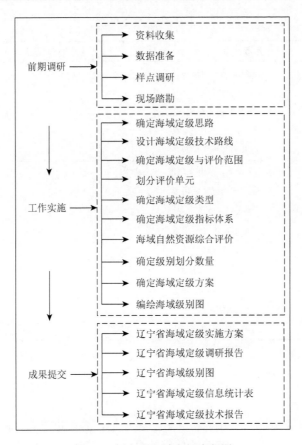

图 5.1　辽宁省海域定级流程图

表 5.1　海域定级类型

用海方式			是否进行海域定级	地方标准制定
填海造地用海	建设填海造地用海	工业、交通运输、渔业基础设施等填海	√	
		城镇建设填海	√	
	农业填海造地用海		√	
构筑物用海	非透水构筑物用海		√	
	跨海桥梁、海底隧道用海		—	制定不低于国家标准的地方征收标准
	透水构筑物用海		—	
围海用海	港池、蓄水用海		—	
	盐田用海		—	
	围海养殖用海		—	
	围海式游乐场用海		√	
	其他围海用海		—	

	用海方式	是否进行海域定级	地方标准制定
开放式用海	开放式养殖用海	√	
	浴场用海	√	
	开放式游乐场用海	√	
	专用航道、锚地用海	—	
	其他开放式用海	—	
其他用海	人工岛式油气开采用海	—	制定不低于国家标准的地方征收标准
	平台式油气开采用海	—	
	海底电缆管道用海	—	
	海砂等矿产开采用海	—	
	取、排水口用海	—	
	污水达标排放用海	—	
	温、冷排水用海	—	
	倾倒用海	—	
	种植用海	—	

2. 资料收集与调查

1）资料收集

为保证海域级别划分工作的科学性、客观性，必须进行详尽的资料收集。

海洋政策性文件：辽宁省海域使用管理条例，辽宁省及沿海市、县现行海域使用金征收文件等。

海洋基础研究资料：近年辽宁省海洋自然资源调查资料、近年辽宁省海洋生物调查资料、近年辽宁省海洋环境调查资料和海洋社会经济资料等。

海洋统计资料及公报：近 3 年的辽宁省海洋统计年鉴、辽宁省统计年鉴、辽宁省各地级市统计年鉴、辽宁省渔业统计年鉴、辽宁省各地级市近年渔业统计年鉴、近年海洋环境公报、近年海水质量公报等。

各行业及海洋相关规划资料：辽宁省海洋功能区划、辽宁省海洋生态红线区、海洋自然保护区、相关行业规划、城市规划等。

2）数据准备

数据准备包括最新辽宁省遥感影像、海域使用数据、基础地理数据、辽宁省海洋功能区划、辽宁省海洋生态红线区、海洋自然保护区、相关行业规划、城市规划等。

3）样点调研及现场踏勘

依据辽宁省自然资源禀赋和用海特征，针对同一等别海域不同市、县管辖海域进行样点筛选，并保证每个市、县管辖海域每类用海方式调研样点不少于 3 个，各用海方式调研样表见附录 2。

辽宁省海域共分为 5 个等级，分别为二、三、四、五、六等海域。本次现场踏勘涵盖辽宁省海域共计 22 个县（市、区）级海域。

二等海域包括：中山区、西岗区、沙河口区。

三等海域包括：甘井子区、鲅鱼圈区。

四等海域包括：绥中县、兴城市、龙港区、连山区、老边区、盖州市、瓦房店市、旅顺口区、长海县、金普新区。

五等海域包括：东港市、普兰店区、庄河市。

六等海域包括：凌海市、锦州市滨海经济开发区、盘山县和大洼区。

本次调研及踏勘样点个数超过 100 个，踏勘路线超过 2000km，调研及现场踏勘样点设计如图 5.2 所示，现场踏勘调查信息样表见附录 2。

图 5.2　辽宁省海域定级调研及现场踏勘样点设计图

3. 海域级别划分

以辽宁省管辖海域（与海洋功能区划范围一致）为定级范围，将其划分为若干个评价单元（划分尺度采用动态网格划分方式，近岸采用 1km×1km 网格，外海采用 5km×5km 网格），建立 A、B、C、D、E、F 六大类指标体系[1]，在定级范

---

① 工业、交通运输、渔业基础设施等填海，城镇建设填海，农业填海造地用海和非透水构筑物用海，均完全改变了海域自然属性特征，采用 A 类指标体系定级；透水构筑物用海采用 B 类指标体系定级；港池、蓄水用海和专用航道、锚地用海，均属于交通运输用海，采用 C 类指标体系定级；围海养殖用海、开放式养殖海、其他围海用海和其他开放式用海，主要反映渔业用海特征，采用 D 类指标体系定级；围海式游乐场用海、浴场用海、开放式游乐场用海，反映旅游娱乐用海特征，采用 E 类指标体系定级；盐田用海采用 F 类指标体系定级。

围内针对 A、B、C、D、E、F 六大类指标体系统一进行自然资源综合评价，对同一等别海域定级综合分值统一排序，充分考虑海域管理实际要求，以能够为海域管理提供科学合理、具有较强可操作性的划定方案为目的，按照《海域定级技术指引（试行）》的要求，实施海域级别划分。

5.2　海域级别划分的实施

5.2.1　定级思路

依据辽宁省海域的自然属性特征、用海特点、海洋产业格局和经济发展情况，分别对《海域定级技术指引（试行）》中指明的 15 类用海方式进行海域定级工作[37-49]。

A、B、C、D、E、F 六类用海采用"统一评价，同等定级"的定级思路实施辽宁省海域定级工作。

统一评价：是指在管辖海域内（与功能区划一致）进行统一自然资源评价，而不单独对县辖海域进行评价。考虑资源环境在地理分布上具有连续性，统一评价更具合理性，同时减少了工作量。

同等定级：是指同一等别的海域进行定级。考虑同一等别具有相近的区位条件，可采取统一排序定级：一来符合管理要求，不会突破等别；二来可减少工作量；三来可提高管理工作效率。

5.2.2　技术路线

科学、精准地实施辽宁省海域定级工作，必须准确把握技术路线，使海域定级方案科学有效。具体内容如下。

（1）确定定级（评价）范围。范围应与海洋功能区划范围一致，原因在于海洋功能区划范围是法定的地方管辖海域范围。

（2）评价单元划分。辽宁省海域评价单元的划分方法采用"动态网格"法。"动态网格"划分，即根据近岸与外海用海需求不同、资源条件不同，划分不同尺度的公里网格。

（3）定级类型。具有区域差异并进行海域等别划分的 15 类，即工业、交通运输、渔业基础设施等填海，城镇建设填海，农业填海造地用海，非透水构筑物用海，透水构筑物用海，港池、蓄水用海，专用航道、锚地用海，围海养殖用海，盐田用海，围海式游乐场用海，其他围海用海，开放式养殖用海，浴场用海，开放式游乐场用海和其他开放式用海。海域定级只针对上述 15 类用海方式。其余 10 类用海方式，因用海效益的差异性不明显，不开展定级工作。

（4）评价指标。针对六类用海指标体系，筛选评价因子。详见附录 3。

（5）数据标准化。方法如下。

a. 极值标准化。

极值标准化计算作用分值的公式为

$$f_l = \frac{x_l - x_{\min}}{x_{\max} - x_{\min}} \tag{5.1}$$

式中，f_l 为某指标值的作用分值；$x_{\min}$、$x_{\max}$、x_l 分别为评价指标的最小值、最大值、指标值。

作用分值介于 0～1。评价指标与作用分值呈正相关，指标条件越好，作用分值越高。

b. 极值对数标准化。

对于分值差异很大的情况，宜采用极值对数标准化。极值对数标准化作用分值的计算公式为

$$f_l = \frac{\ln x_l - \ln x_{\min}}{\ln x_{\max} - \ln x_{\min}} \tag{5.2}$$

本次定级水深指数分值差异较大，采用极值对数标准化法对水深指数分值进行标准化，其他采用极值标准化法。

（6）综合评价。针对 A、B、C、D、E、F 六类指标体系，在附录 3 给定的权重范围内，对辽宁省海域进行统一评价。

（7）确定级别数量。

（8）方案比选。对 2～3 个备选方案进行方案比选，最终确定推荐方案。

（9）规划/区划符合性分析。对主体功能区规划、生态红线区和海洋功能区划等进行符合性分析。

辽宁省海域定级技术路线如图 5.3 所示。

5.2.3　海域定级范围

辽宁省近海水域面积为 41300km²，其中，0～2m 水深海域面积 3043km²，占比约为 7%；2～5m 水深海域面积 4260km²，占比约为 10%；5～10m 水深海域面积 4731km²，占比约为 11%；10～15m 水深海域面积 1958km²，占比约为 5%；15～20m 水深海域面积 4291km²，占比约为 10%；20～25m 水深海域面积 1724km²，占比约为 4%；25～30m 水深海域面积 4458km²，占比约为 11%；大于 30m 水深海域面积 16835km²，占比约为 41%（由于四舍五入各占比之和不为 100%）。

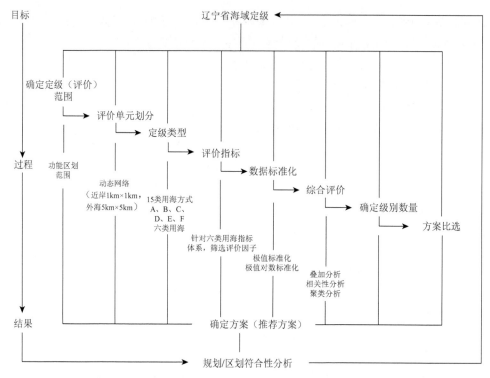

图 5.3　辽宁省海域定级技术路线图

全省大陆岸线长 2110km，其中，自然岸线长度为 535km，人工岸线长度为 1575km。辽宁省海岸含基岩岸线、砂质岸线、淤泥质岸线及河口岸线四种类型，基岩岸段主要分布在辽东半岛南侧、大连小窑湾东侧金石滩地质地貌区、丹东小岛东侧、葫芦岛望海寺南侧等区域；砂质岸段主要分布于大连、营口及葫芦岛，大连砂质岸段主要分布于辽东半岛南侧与基岩岸段相互交替、金石滩区域和瓦房店仙浴湾及北侧区域，营口砂质岸段主要分布于白沙湾区域，葫芦岛砂质岸段主要集中于绥中县天龙寺及东戴河区域；淤泥质岸段主要集中在盘锦辽东湾新区；河口岸段主要分布于复州河、大清河、辽河口、碧流河等区域。

本次定级范围与辽宁省海洋功能区划范围一致，面积 41300km²，岸线长度 2110km。辽宁省海域定级（评价）范围如图 5.4 所示。

5.2.4　定级类型

定级类型参考 5.1.2 节中表 5.1 的内容。

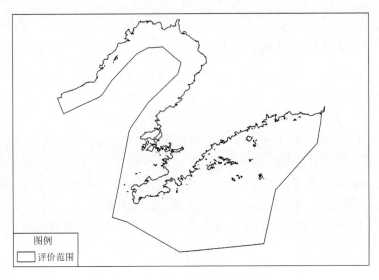

图 5.4　辽宁省海域定级（评价）范围

5.2.5　评价单元

研究发现，辽宁省海域近岸用海呈现多元化结构，外海用海类型呈单一化，为保障科学配置海域资源，改善海域资源供给结构，优化海域利用空间布局，实现精细化管理。大陆岸线至 5km 范围以内，采用 1km×1km 网格，外海采用 5km×5km 网格。辽宁省海域级别划分评价单元如图 5.5 所示。

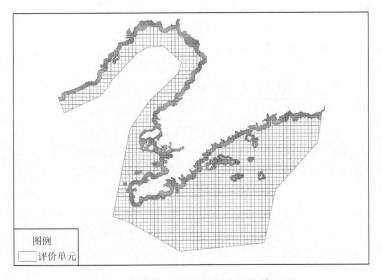

图 5.5　辽宁省海域级别划分评价单元图

5.2.6　辽宁省海域资源综合评价

1. A 类用海

1）指标体系

《海域定级技术指引（试行）》指出"工业、交通运输、渔业基础设施等填海、城镇建设填海，农业填海造地用海和非透水构筑物用海，均完全改变了海域自然属性特征，采用 A 类指标体系定级"，指标体系包括了海域自然条件、海域资源利用程度、海域区位条件和用海适宜条件四大定级因素。

海域自然条件：海岸质量指数和水深指数两项评价因子是必选因子，海水质量指数、底质质量指数、海洋灾害性指数等因子为可选因子。

海域资源利用程度：占用海湾指数是必选因子，占用岸线指数、岸线稀缺指数等因子为可选因子。

海域区位条件：没有必选因子，城区距离指数、海滨浴场距离指数、海洋保护区距离指数等因子为可选因子。

用海适宜条件：没有必选因子，交通条件发达指数、毗邻相同用地类型土地价格等因子为可选因子。

本次评价以《海域定级技术指引（试行）》为依据，最终筛选的评价因子包括海岸质量指数、海水质量指数、底质质量指数、水深指数、海洋灾害性指数、占用海湾指数、岸线稀缺指数、海域空间资源指数、典型生态区距离指数、重要渔业资源区距离指数、离岸距离指数、城区距离指数、滨海旅游区距离指数、海洋保护区距离指数、区位拉力指数、毗邻相同用地类型土地价格和交通条件发达指数，共计 17 个评价因子（表 5.2）。

表 5.2　A 类用海定级指标权重信息表

序号	定级因素	一级权重	评价因子	二级权重
1			海岸质量指数	0.155
2			海水质量指数	0.083
3	海域自然条件	0.45	底质质量指数	0.083
4			水深指数	0.083
5			海洋灾害性指数	0.046
6			占用海湾指数	0.100
7	海域资源利用程度	0.20	岸线稀缺指数	0.050
8			海域空间资源指数	0.050

续表

序号	定级因素	一级权重	评价因子	二级权重
9			典型生态区距离指数	0.042
10			重要渔业资源区距离指数	0.042
11			离岸距离指数	0.023
12	海域区位条件	0.20	城区距离指数	0.014
13			滨海旅游区距离指数	0.023
14			海洋保护区距离指数	0.042
15			区位拉力指数	0.014
16	用海适宜条件	0.15	交通条件发达指数	0.0.38
17			毗邻相同用地类型土地价格	0.112

2）评价因子量化计算及标准化

（1）海域自然条件。

海域自然条件：反映满足不同用海方式的海域自然属性特征。综合评价值计算公式如下：

$$W_{海域自然条件} = \sum_{i=1}^{n} f_i \cdot \lambda_i \tag{5.3}$$

式中，$W_{海域自然条件}$ 为海域自然条件综合评价值；f_i 为第 i 类评价因子计算结果分值；λ_i 为第 i 类评价因子的权重值。

a. 海岸质量指数。

海岸质量指数：反映评价海域的毗邻海岸质量优劣程度。

海岸质量由优至劣依次为原生自然岸线、具有生态功能岸线和人工岸线，其定义见《海岸线保护与利用管理办法》。海岸质量指数赋值为 0～1。公式如下：

$$E_i = \frac{\sum_{i=1}^{k} P_i \cdot l_i}{L} \tag{5.4}$$

$$E_i = \frac{\sum_{i=1}^{k} P_i}{d} \tag{5.5}$$

评价单元内包含岸线海岸质量指数，计算采用式（5.4），其他不包含岸线的单元采用式（5.5）。式（5.4）和式（5.5）中，E_i 为海岸质量指数；P_i 为 i 段海岸质量指数分值；l_i 为 i 段海岸长度；L 为评价单元海岸总长度；d 为离岸距离。

不同海域岸线类型有所不同，因此，本书以岸线大分类为基础进行赋值，参考表 5.3。

表 5.3　海岸质量赋值参考表

	基岩岸线	砂质岸线	淤泥质岸线	河口岸线	生态岸线	生物岸线	人工岸线
赋值	1.0	1.0	0.9	0.9	0.8	1.0	0.5

辽宁省海岸类型分为原生自然岸线、具有生态功能岸线和人工岸线三大类。原生自然岸线包括砂质岸线、淤泥质岸线、基岩岸线和河口岸线。本次评价以保护原生自然岸线为原则，原生自然岸线分值高于人工岸线。辽宁省海岸质量标准化结果如图 5.6 所示。

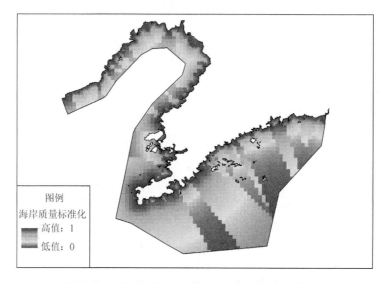

图 5.6　辽宁省海岸质量标准化结果（见书后彩图）

b. 海水质量指数。

海水质量指数：反映评价海域海水质量优劣程度的指数。

海水质量由优至劣依次为Ⅰ类水质、Ⅱ类水质、Ⅲ类水质、Ⅳ类水质和劣Ⅳ类水质，其定义见《海水水质标准》（GB 3097—1997）。海水质量指数赋值为 0～1。公式如下：

$$M_i = \frac{\sum_{i=1}^{k} B_i \cdot S_i}{\sum_{i=1}^{k} S_i} \qquad (5.6)$$

式中，M_i 为海水质量指数；B_i 为 i 类海水质量分值；S_i 为 i 类海水的分布面积。

海水质量的数据一般可通过三种方式获取：一是从政府部门发布的海洋水质

质量公报中获取；二是通过对评价海域水质调查获取；三是收集近两年的海域水质相关调查数据，综合分析。依据 A 类用海的特征，工程建设会对水质环境造成不同程度的影响，为保护水质环境，优质水质的总量应高于劣质水质。海水质量赋值参考表 5.4。

表 5.4　海水质量赋值参考表

	Ⅰ类水质	Ⅱ类水质	Ⅲ类水质	Ⅳ类水质	劣Ⅳ类水质
赋值	1	0.8	0.5	0.3	0.1

依据《2017 年辽宁省海洋生态环境状况公报》，分别将四季度海水水质评价结果赋值于评价单元并计算其平均值。辽宁省海水质量标准化结果如图 5.7 所示。

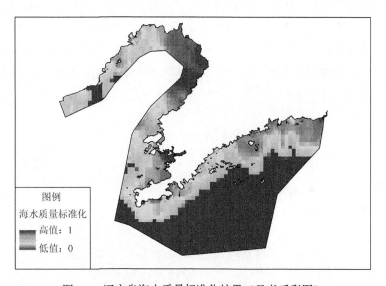

图 5.7　辽宁省海水质量标准化结果（见书后彩图）

c. 底质质量指数。

底质质量指数：反映海底底质类型不同导致的海域质量和用海效益的差异。

按照不同用海方式对底质类型要求不同，采用不同的赋值标准（自行赋值），底质质量指数在 0～1 内赋值。评价单元内包含不同底质类型的底质质量指数，计算采用如下公式：

$$D_i = \frac{\sum_{i=1}^{k} U_i \cdot S_i}{\sum_{i=1}^{k} S_i} \qquad (5.7)$$

式中，D_i 为底质质量指数；U_i 为 i 类底质质量分值；S_i 为 i 类底质的分布面积。
底质质量赋值参考表 5.5。

表 5.5　底质质量赋值参考表

	粉砂质黏土	砂-粉砂-黏土+黏土质砂	黏土质粉砂	粉砂	砂质粉砂	粉砂质砂	砂（细砂、中砂、粗砂）	砾石质砂	砂质砾石	砾石
底质质量指数	1.0	0.9	0.8	0.7	0.6	0.5	0.4	0.3	0.2	0.1

辽宁省海域底质类型包括：黏土质粉砂，面积为 424223.19hm²；黏土质砂，面积为 1455.05hm²；粉砂质黏土，面积为 956.71hm²；砂-粉砂-黏土，面积为 145071.89hm²；粉砂，面积为 232192.54hm²；粉砂质砂，面积为 871013.03hm²；细砂，面积为 1038114.02hm²；砂质粉砂，面积为 1135540.33hm²；中砂，面积为 140042.67hm²；粗砂，面积为 37848.94hm²；砾石质砂，面积为 58414.54hm²；砂质砾石，面积为 39666.05hm²；砾石，面积为 6084.03hm²。底质质量标准化结果如图 5.8 所示。

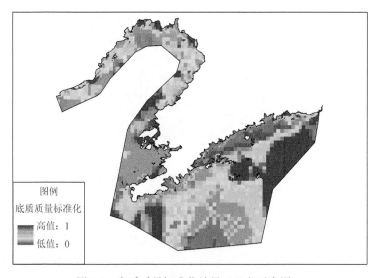

图 5.8　底质质量标准化结果（见书后彩图）

d. 水深指数。

水深指数：评价单元中心水深的倒数。公式如下：

$$H_i = \frac{1}{h_i} \tag{5.8}$$

式中，H_i 为水深指数；h_i 为第 i 评价单元的中心水深。各评价单元的具体分值由该单元本身的水深值确定。

辽宁省海域水深值是通过 2012 年 1∶25 万水深点数据插值获取的。最大水深值为 61.33m。最小水深值为 2.00m。辽宁省海域水深标准化结果如图 5.9 所示。

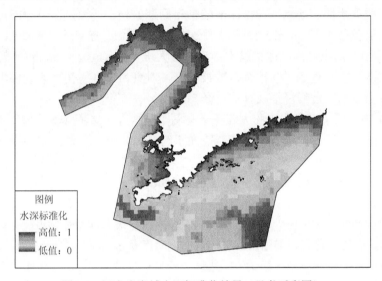

图 5.9　辽宁省海域水深标准化结果（见书后彩图）

e. 海洋灾害性指数。

海洋灾害性指数：反映县（市、区）级行政单元海域的灾害性天气的可能性程度。外海海域较近岸抗灾害能力弱，与离岸距离对数成反比。公式如下：

$$F = \frac{1}{F_{灾害} \times \ln d_i} \tag{5.9}$$

式中，F 为海洋灾害性指数；$F_{灾害}$ 为该行政单元的海洋灾害作用分值；d_i 为第 i 个评价单元的离岸距离。

海洋灾害性数据一般情况下统计口径较大，以地市级尺度为统计单元。可从各省（自治区、直辖市）的海洋自然灾害公报中获得。

《2017 年辽宁省海洋灾害情况》数据显示，2017 年，辽宁省海洋灾害以风暴潮、海浪、海冰、海岸侵蚀、海水入侵与土壤盐渍化等为主，各类海洋灾害造成直接经济损失共计 2160 万元，无人员死亡（含失踪）。其中，海浪灾害造成直接经济损失 250 万元，海冰灾害造成直接经济损失 80 万元，海岸侵蚀灾害造成直接经济损失 1830 万元。

经统计，2017 年，辽宁省未因风暴潮灾害（含近岸浪）造成直接经济损失。2017 年 8 月 3 日，仅在辽东湾出现了一次因温带气旋导致的风暴潮过程，警报级别为蓝色。10月9~10日,受较强冷空气影响,辽东湾海浪的最大有效波高达7.7m,损毁辽宁省防波堤0.5km,损毁海堤、护岸3.0km。冬季冰情为轻冰年(冰级1.5),总冰期102天,与常年持平;严重冰期23天,较常年偏短。初冰日较常年冬季提前,严重冰日推后,融冰日和终冰日提前。1月下旬~2月中旬,辽东湾和黄海北部进入了严重冰期,严重冰期内冰情较常年同期偏轻。渤海及黄海北部海冰最大分布范围出现在1月24日,海冰最大分布面积为1.52万km²,最大外缘线范围91km。其中,辽东湾湾底冰情最重,沿岸最大堆积冰厚可达2m,海上浮冰以尼罗冰、灰冰为主,达到了海冰蓝色警报标准,对营口市和锦州市的重要港口、航运以及海上石油平台经济活动有一定影响。

2017年开展了辽宁东港和大连獐子岛两个重要养殖区的赤潮监控工作。辽宁东港养殖区主要底播养殖杂色蛤,养殖面积约1000hm²。从监测结果来看,全年养殖区环境状况良好,个别月份水体呈富营养化状态,但未发生赤潮。大连獐子岛养殖区主要养殖虾夷扇贝,养殖面积约30000hm²,从监测结果来看,全年养殖区环境质量良好,未发生赤潮。

辽宁省海洋防灾减灾能力全面提升,积极推进省级海洋预警预报能力升级改造项目实施,完成了丹东、锦州、营口、盘锦、葫芦岛5个海洋岸基观测站和黄海北部、辽东湾两个海洋观测浮标站位的选址、论证和建设工作。海洋灾害应急保障工作扎实开展。组织实施了海平面变化影响调查评估基础数据统计,公布了辽宁省沿海19个岸段警戒潮位核定值。按辽宁省突发海洋自然灾害应急预案要求,发布海洋灾害警报4期,警报短信6000多条,警报传真200余份。2017年辽宁省海岸侵蚀灾害损失情况统计、海水入侵范围、土壤盐渍化范围如表5.6~表5.8所示。

表5.6　2017年辽宁省海岸侵蚀灾害损失情况统计表

沿海地区	土地损失面积/m²	房屋损毁/间	海堤护岸损毁/m	直接经济损失/万元
葫芦岛绥中	3039.90	—	—	243.00
葫芦岛兴城	1349.10	—	—	135.00
营口	986.90	—	—	148.00
大连瓦房店	3658.00	1.00	30.00	410.00
大连金州	7069.00	—	104.00	894.00
合计	16102.90	1.00	134.00	1830.00

表5.7　2017年辽宁省沿海重点监测区海水入侵范围

监测断面位置	入侵距离/km
大连金州区	>0.3
盘锦清水镇永红村	>17.81

续表

监测断面位置	入侵距离/km
锦州小凌河东侧何屯村	>0.60
锦州小凌河西侧娘娘宫镇	>5.36
葫芦岛龙港区北港镇	1.12
葫芦岛龙港区连湾镇	3.34
丹东东港西	3.22
丹东东港长山镇	0.95

表 5.8　2017 年辽宁省沿海重点监测区土壤盐渍化范围

监测断面	土壤盐渍化距离/km
盘锦清水镇永红村	13.93
葫芦岛龙港区连湾镇	2.88
葫芦岛龙港区北港镇	0.78
锦州小凌河东侧何屯村	0.16
锦州小凌河西侧娘娘宫镇	1.00

综上所述，根据辽宁沿海地区自然地理环境和社会经济发展状况，以及海洋灾害多年损失情况，遵循指标选择的全面性、科学性、代表性和真实性，选取多个指标来描述海洋灾害风险，将辽宁沿海地区海洋灾害风险评价指标体系分为目标层、因子层、子因子层及指标层。致灾因子危险性选取海冰灾害风险指数、风暴潮灾害风险指数、海浪灾害风险指数和赤潮灾害风险指数 4 个指标；暴露性和脆弱性分别从人口、社会经济、海洋环境三个层次选取 6 个指标；防灾减灾能力从资源准备和投入水平两个方面选取了 6 个指标。

经统计分析，辽宁省沿海六市海洋灾害综合风险指数排序为：大连市＞盘锦市＞营口市＞丹东市＞锦州市＞葫芦岛市，指数范围在 0.434～0.672。辽宁省海洋灾害性指数标准化结果如图 5.10 所示。

f. 海域自然条件评价结果。

取 A 类用海定级指标权重信息表（表 5.2）中的权重值，利用式（5.3）对海域自然条件中海岸质量指数、海水质量指数、底质质量指数、水深指数、海洋灾害性指数 5 个评价因子进行叠加运算。评价结果如图 5.11 所示。

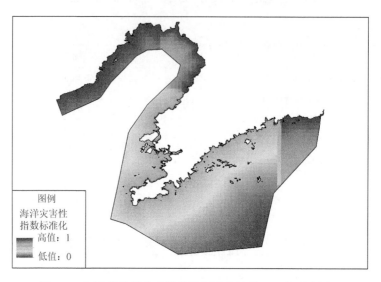

图 5.10　辽宁省海洋灾害性指数标准化结果（见书后彩图）

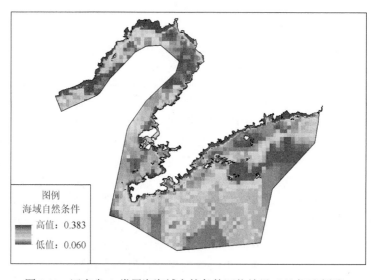

图 5.11　辽宁省 A 类用海海域自然条件评价结果（见书后彩图）

（2）海域资源利用程度。

海域资源利用程度：反映海域空间资源、海湾、岸线等特殊海洋资源的使用及影响程度。

$$W_{海域资源利用程度} = \sum_{i=1}^{n} f_i \cdot \lambda_i \qquad （5.10）$$

式中，$W_{海域资源利用程度}$为海域资源利用程度综合评价值；f_i 为第 i 类评价因子计算结果分值；λ_i 为第 i 类评价因子的权重值。

海域资源利用程度包括占用海湾指数、岸线稀缺指数和海域空间资源指数 3 个评价因子。

a. 占用海湾指数。

占用海湾指数：反映评价单元所在海湾资源的重要程度。

海湾资源的重要程度分为重要海湾和一般海湾。占用海湾指数在 0~1 内赋值。公式如下：

$$W_i = \frac{\sum_{i=1}^{k} Q_i \cdot S_i}{\sum_{i=1}^{k} S_i} \tag{5.11}$$

式中，W_i 为占用海湾指数；Q_i 为 i 类海湾资源重要程度分值；S_i 为 i 类海湾资源重要程度海域分布面积。

本次占用海湾指数将辽宁省海域海湾名录中的海湾和入海重要河口一同纳入计算。

辽宁省海域自西向东海湾和河口包括六股河口、锦州湾、小凌河口、大凌河口、双台子河口、大辽河口、太平湾、普兰店湾、金州湾、营城子湾、大连湾、大窑湾、小窑湾、常江澳、碧流河口、青堆子湾、大洋河口、鸭绿江河口。海湾指数赋值见表 5.9，标准化结果如图 5.12 所示。

表 5.9　海湾指数赋值表

编号	名称	重点海湾	赋值
1	太平湾	是	1.0
2	大连湾	是	1.0
3	青堆子湾	是	1.0
4	常江澳	是	1.0
5	小窑湾	是	1.0
6	大窑湾	否	0.7
7	营城子湾	是	1.0
8	金州湾	是	1.0
9	普兰店湾	是	1.0
10	锦州湾	否	0.7

续表

编号	名称	重点海湾	赋值
11	双台子河口	是	1.0
12	大辽河口	是	1.0
13	碧流河口	是	1.0
14	大洋河口	是	1.0
15	鸭绿江河口	是	1.0
16	六股河口	是	1.0
17	大凌河口	否	0.7
18	小凌河口	否	0.7

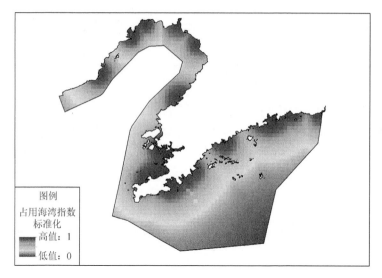

图 5.12　辽宁省占用海湾指数标准化结果（见书后彩图）

b. 岸线稀缺指数。

岸线稀缺指数：反映区域内人均占有岸线不同所带来的资源稀缺性及资源质量差异，用单位岸线长度人口密度表示。单位岸线长度人口密度指的是单位长度岸线分布的人口数，单位为"人/m"。按照县（市、区）级行政单元资料进行计算，同一县（市、区）的评价单元海域采用统一值。单位岸线人口密度越大，表示岸线稀缺性越强。

岸线稀缺指数具体赋值信息如表 5.10 所示，辽宁省岸线稀缺指数标准化结果如图 5.13 所示。

表 5.10　岸线稀缺指数赋值信息表

地级市	县（市、区）	人口数量/人	大陆岸线长度/m	海岛岸线长度/m	岸线总长/m	单位岸线长度人口密度/(人/m)
大连市	中山区	360494.0	33533.6	17244.0	50777.6	7.1
	西岗区	290596.0	18211.9	3071.6	21283.5	13.7
	沙河口区	644641.0	8074.6	—	8074.6	79.8
	甘井子区	863017.0	160085.4	7985.4	168070.8	5.1
	旅顺口区	221417.0	139014.6	21235.7	160250.3	1.4
	金普新区	688709.0	458385.5	59428.6	517814.1	1.3
	普兰店区	913689.0	74333.9	9381.0	83714.9	10.9
	长海县	71928.0	—	341518.0	341518.0	0.2
	瓦房店市	997822.0	217306.7	136054.7	353361.4	2.8
	庄河市	903987.0	248747.4	81746.6	330494.0	2.7
丹东市	东港市	604623.0	166966.5	24614.5	191581.0	3.2
营口市	鲅鱼圈区	482000.0	80853.2	—	80853.2	6.0
	老边区	118000.0	41170.1	—	41170.1	2.9
	盖州市	655000.0	65405.1	—	65405.1	10.0
盘锦市	盘山县	274489.0	44057.6	—	44057.6	6.2
	大洼区	378154.0	120864.0	—	120864.0	3.1
锦州市	凌海市	522000.0	62793.1		62793.1	8.3
	滨海经济开发区	370000.0	102158.0	4165.1	106323.1	3.5
葫芦岛市	连山区	420000.0	8886.0	—	8886.0	47.3
	龙港区	233000.0	71363.5	1263.5	72627.0	3.2
	绥中县	572000.0	125054.6	1228.9	126283.5	4.5
	兴城市	583000.0	98683.5	39337.5	138021.0	4.2

注：人口数量来源于《辽宁统计年鉴 2017》。

c. 海域空间资源指数。

海域空间资源指数：反映不同水深剩余海域空间资源的多少。

依据"生态用海、生态观海"的治海理念，空间资源丰富的海域，可利用空间较大，资源稀缺性小，海域价值相对低。因此，按照不同水深剩余海域空间百分比，针对不同水深海域统一赋值。

海域空间资源指数计算公式为

$$S_i = \frac{U_i}{P_i} \cdot 100\% \tag{5.12}$$

式中，S_i 为海域空间资源指数；P_i 为第 i 米水深海域面积；U_i 为第 i 米水深海域中剩余海域面积。

辽宁省沿海县（市、区）海域使用面积统计如图 5.14 所示。

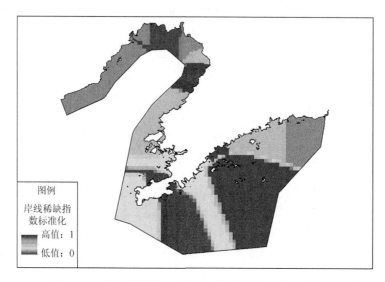

图 5.13　辽宁省岸线稀缺指数标准化结果（见书后彩图）

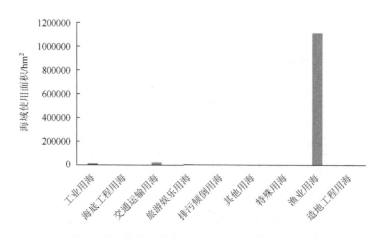

图 5.14　辽宁省沿海县（市、区）海域使用面积统计

海域空间资源指数是通过不同深度的海域剩余空间资源的百分比来进行赋值

的。剩余空间资源的百分比高，相对海域资源质量就低，本次评价采用赋值区间分别为[70%, 75%)、[75%, 80%)、[80%, 85%)、[85%, 90%)和[90%, 100%]，对应赋值为0.9、0.7、0.5、0.3和0.1。辽宁省各县（市、区）不同深度海域资源剩余率如表5.11所示。

表5.11　各县（市、区）不同深度海域资源剩余率　　（单位：%）

县（市、区）	0~2m	2~5m	5~10m	10~15m	15~20m	20~25m	25~30m	>30m
中山区	48	77	88	93	95	88	89	100
西岗区	72	93	97	100	100	100	100	100
沙河口区	77	83	99	90	100	100	100	100
甘井子区	83	96	97	100	100	100	100	100
旅顺口区	63	29	86	76	93	81	97	100
金普新区	63	39	58	79	88	84	95	100
普兰店区	34	66	75	0	0	0	0	0
长海县	0	56	29	16	31	22	24	46
瓦房店市	53	59	51	79	82	99	100	0
庄河市	66	80	77	89	89	56	17	16
东港市	30	15	54	94	98	100	100	100
鲅鱼圈区	41	50	29	30	0	0	0	0
老边区	59	48	92	0	0	0	0	0
盖州市	73	65	97	94	100	0	0	0
盘山县	66	81	91	0	0	0	0	0
大洼区	86	58	89	0	0	0	0	0
凌海市	49	29	36	0	0	0	0	0
滨海经济开发区	69	99	100	0	0	0	0	0
连山区	70	93	92	0	0	0	0	0
龙港区	57	81	93	94	89	0	0	0
绥中县	88	87	92	95	100	98	0	0
兴城市	56	42	59	48	64	0	0	0

不同水深海域空间权重不同，水深越浅空间资源权重越高，0~2m海域权重值为0.23，2~5m海域权重值为0.20，5~10m海域权重值为0.15，10~15m海域权重值为0.10，15~20m海域权重值为0.10，20~25m海域权重值为0.08，25~30m海域权重值为0.07，>30m海域权重值为0.07。

按照不同水深权重值，进行加权平均计算。赋值结果如表 5.12 所示，海域空间资源指数标准化结果如图 5.15 所示。

表 5.12　海域空间资源指数赋值结果

编号	县（市、区）	赋值
1	绥中县	0.086
2	大洼区	0.098
3	甘井子区	0.100
4	滨海经济开发区	0.104
5	连山区	0.104
6	盘山县	0.104
7	龙港区	0.124
8	沙河口区	0.146
9	西岗区	0.146
10	盖州市	0.164
11	老边区	0.184
12	普兰店区	0.220
13	瓦房店市	0.229
14	中山区	0.232
15	金普新区	0.276
16	兴城市	0.294
17	旅顺口区	0.346
18	庄河市	0.358
19	凌海市	0.390
20	鲅鱼圈区	0.465
21	东港市	0.517
22	长海县	0.545

d. 海域资源利用程度评价结果。

取 A 类用海定级指标权重信息表（表 5.2）中的权重值，利用式（5.10）对海域资源利用程度中占用海湾指数、岸线稀缺指数和海域空间资源指数 3 个评价因子进行叠加运算。辽宁省 A 类用海海域资源利用程度评价结果如图 5.16 所示。

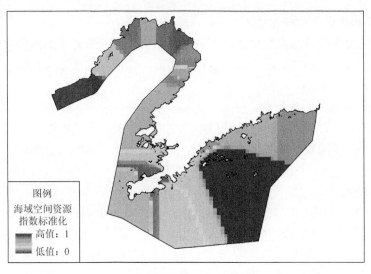

图 5.15　辽宁省海域空间资源指数标准化结果（见书后彩图）

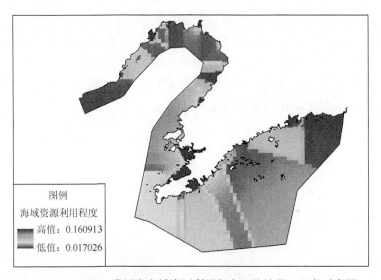

图 5.16　辽宁省 A 类用海海域资源利用程度评价结果（见书后彩图）

（3）海域区位条件。

海域区位条件：反映评价单元所在海域具有的自然资源、地理位置以及社会经济等区位条件。海域区位条件综合评价值计算公式如下：

$$W_{海域区位条件} = \sum_{i=1}^{n} f_i \cdot \lambda_i \tag{5.13}$$

式中，$W_{海域区位条件}$ 为海域区位条件综合评价值；f_i 为第 i 类评价因子计算结果分值；

λ_i 为第 i 类评价因子的权重值。

海域区位条件包括典型生态区距离指数、重要渔业资源区距离指数、离岸距离指数、城区距离指数、滨海旅游区距离指数、海洋保护区距离指数、区位拉力指数 7 个评价因子。

a. 典型生态区距离指数。

典型生态区距离指数：反映评价单元中心与典型生态区的距离。与典型生态区距离越小，资源质量越高。

$$\mathrm{AD}_i = \sum_{i,j=0}^{n} \frac{1}{\{d_{ij}\}_{\min}} \cdot a_i \qquad (5.14)$$

式中，AD_i 为典型生态区距离指数；d_{ij} 为第 i 评价单元中心与第 j 个典型生态区的距离；a_i 为第 i 评价单元的分值。

辽宁省海域典型生态区包括六股河河口及湿地、菊花岛、大凌河河口及湿地、大辽河河口湿地、东-西蚂蚁岛、猪岛-虎平岛、星海公园砂质岸线及邻近海域、付家庄砂质岸线及邻近海域、棒棰岛砂质岸线及邻近海域、泊石湾砂质岸线及邻近海域、大沙河口滨海湿地、城子坦滨海湿地、庄河口滨海湿地、刁坨子斑海豹上岸点、獐子岛群及邻近海域、三山岛及邻近海域、圆岛及邻近海域、海王九岛及邻近海域、乌蟒岛及邻近海域、海洋岛及邻近海域、鸭绿江口滨海湿地。本次定级将典型生态区赋值为 1.0，其他海域赋值为 0.3。辽宁省典型生态区距离指数标准化结果如图 5.17 所示。

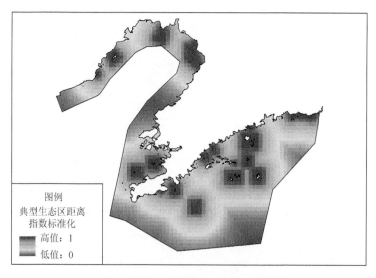

图 5.17　辽宁省典型生态区距离指数标准化结果（见书后彩图）

　　b. 重要渔业资源区距离指数。

　　重要渔业资源区距离指数：反映评价单元中心与重要渔业资源区距离。与重要渔业区距离越小，资源质量越高。

$$KA_i = \sum_{i,j=0}^{n} \frac{1}{\{d_{ij}\}_{min}} \cdot a_i \qquad (5.15)$$

　　式中，KA_i 为重要渔业资源区距离指数；d_{ij} 为第 i 评价单元中心与第 j 个重要渔业资源区的距离；a_i 为第 i 评价单元的分值。

　　本次定级将辽宁省重要渔业区赋值为 1.0，其他海域赋值为 0.3。辽宁省重要渔业资源区距离指数标准化结果如图 5.18 所示。

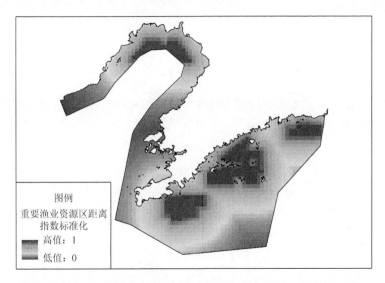

图例
重要渔业资源区距离
指数标准化
高值：1
低值：0

图 5.18　辽宁省重要渔业资源区距离指数标准化结果（见书后彩图）

　　c. 离岸距离指数。

　　离岸距离指数：反映评价单元中心与海岸距离。距离海岸越近，资源质量越高。

$$HD_i = \frac{1}{\{d_{ij}\}_{min}} \qquad (5.16)$$

　　式中，HD_i 为离岸距离指数；d_{ij} 为第 i 评价单元中心与第 j 个海岸节点的距离。

　　《海域定级技术指引（试行）》中给出的离岸距离指数计算公式，反映评价单元与离岸距离成线性反比，价值递减速度过快。因此，本次评价对《海域定级技术指引（试行）》中公式稍作改进，以最大限度贴合实际情况。

　　本次评价引入利用现状的扩散系数 a：

$$\mathrm{HD}_i = \frac{1}{\{d_{ij}\}_{\min} \cdot a} \tag{5.17}$$

a 值的获得方式如下：①计算自 2002 年以来，5 年为一周期，每 5 年的现状平均离岸距离 L 和平均扩散速度 v，单位分别为 "km" 和 "km/a"；②通过线性回归分析得出平均离岸距离和平均扩散速度的线性方程，得出直线的斜率 k，$a=k$。

通过分析计算，各参数值如表 5.13 所示。

表 5.13　离岸距离计算参数值

年份	平均离岸距离 L/km	平均扩散速度 v/(km/a)
2002	9.64	1.93
2007	11.75	2.35
2012	10.98	2.20
2017	19.25	3.85

平均离岸距离和平均扩散速度的线性方程如图 5.19 所示，离岸距离指数标准化结果如图 5.20 所示。

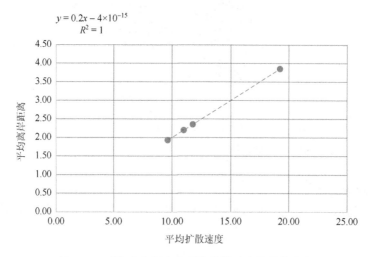

图 5.19　平均离岸距离和平均扩散速度的线性方程

d. 城区距离指数。

城区距离指数：反映评价单元中心与城市中心距离。距离越近，资源质量越高。

$$\mathrm{CA}_i = \sum_{i,j=0}^{n} \frac{1}{\{d_{ij}\}_{\min}} \cdot a_j \tag{5.18}$$

式中，CA_i 为城区距离指数；d_{ij} 为第 i 评价单元中心与第 j 等级城市中心的距离；a_j 为第 j 级城市的分值。

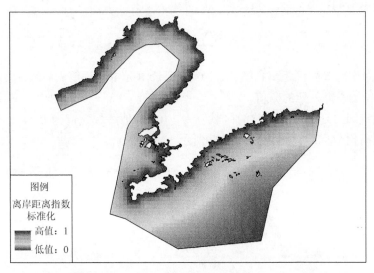

图 5.20　辽宁省离岸距离指数标准化结果（见书后彩图）

一级城市和二级城市赋值不同，一级城市为地级市，二级城市为县（市、区）。一级城市和二级城市分别赋值为 0.9 和 0.5。采用软件自动计算，对每个评价单元进行赋值并标准化。城区距离指数越高，资源质量越高。辽宁省城区距离指数标准化结果如图 5.21 所示。

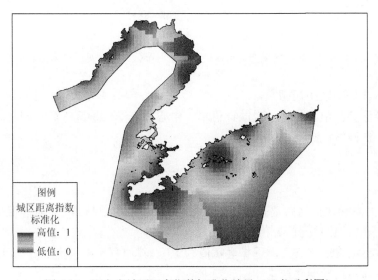

图 5.21　辽宁省城区距离指数标准化结果（见书后彩图）

e. 滨海旅游区距离指数。

滨海旅游区距离指数：反映评价单元中心与滨海旅游区距离。

距离滨海旅游区越近，资源质量越高。公式如下：

$$B_i = \sum_{i,j=0}^{n} \frac{1}{\{d_{ij}\}_{\min}} \cdot a_i \tag{5.19}$$

式中，B_i 为滨海旅游区距离指数；d_{ij} 为第 i 评价单元中心与第 j 个滨海旅游区的距离；a_i 为第 i 评价单元的分值。

本次定级将辽宁省滨海旅游区赋值为 1.0，其他海域赋值为 0.3。辽宁省滨海旅游区距离指数标准化结果如图 5.22 所示。

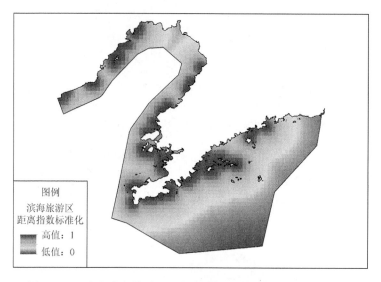

图 5.22　辽宁省滨海旅游区距离指数标准化结果（见书后彩图）

f. 海洋保护区距离指数。

海洋保护区距离指数：反映评价单元中心与海洋保护区距离。距离海洋保护区越近，资源质量越高。公式如下：

$$A_i = \sum_{i,j=0}^{n} \frac{1}{\{d_{ij}\}_{\min}} \cdot a_i \tag{5.20}$$

式中，A_i 为海洋保护区距离指数；d_{ij} 为第 i 评价单元中心与第 j 个海洋保护区的距离；a_i 为第 i 评价单元的分值。

本次定级将辽宁省海洋保护区赋值为 1.0，其他海域赋值为 0.3。辽宁省海洋保护区距离指数标准化结果如图 5.23 所示。

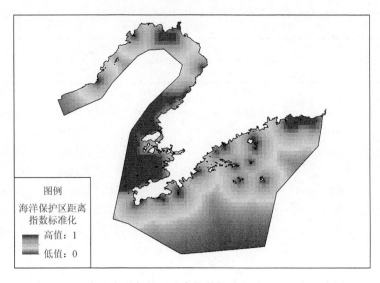

图 5.23　辽宁省海洋保护区距离指数标准化结果（见书后彩图）

g. 区位拉力指数。

区位拉力指数：反映评价单元海洋区位拉力强弱，拉力强则海域价值高，反之则海域价值低。该指数受本地区人均 GDP、不同水深海域利用面积及其权重和管辖海域面积 4 个因子影响。公式如下：

$$F_{区位拉力指数} = \frac{V_{人均GDP} \times S_{管辖海域面积}}{\left(\sum_{i=1}^{n} S_i \cdot w_i\right)_{海域利用面积}} \quad (5.21)$$

式中，$F_{区位拉力指数}$ 为该地区海洋区位拉力指数；$V_{人均GDP}$ 为该地区人均 GDP 值（万元/人）；$S_{管辖海域面积}$ 为该地区海域管辖面积（hm^2）；S_i 为该地区不同水深利用面积（hm^2）；w_i 为不同水深的权重值。

2017 年辽宁省沿海县（市、区）区位拉力指数如表 5.14 所示，标准化结果如图 5.24 所示。

表 5.14　2017 年辽宁省沿海县（市、区）区位拉力指数表

编号	县（市、区）	V 人均 GDP/(万元/人)	S 管辖海域面积/hm^2	$\sum_{i=1}^{n} S_i$ /hm^2	区位拉力指数
1	鲅鱼圈区	75702	36615	2113	0.19
2	滨海经济开发区	31237	45643	7970	1.23
3	大洼区	65978	71142	10097	0.49
4	东港市	37021	312189	22643	0.03

续表

编号	县（市、区）	V 人均 GDP/(万元·人)	S 管辖海域面积/hm²	$\sum\limits_{i=1}^{n} S_i$ /hm²	区位拉力指数
5	盖州市	25202	71911	9751	0.31
6	甘井子区	103134	112086	13125	4.52
7	金普新区	233965	467314	37338	0.29
8	老边区	141553	45576	5321	0.97
9	连山区	37282	8083	1193	5.07
10	凌海市	29195	72999	5661	0.05
11	龙港区	51713	60727	7199	0.93
12	旅顺口区	110562	328294	24141	0.96
13	盘山县	42124	81780	12924	0.39
14	普兰店区	49505	33562	3392	0.34
15	沙河口区	57769	16968	1248	52.04
16	绥中县	24207	168724	20176	0.36
17	瓦房店市	90394	312137	27059	0.12
18	西岗区	111550	21733	1593	57.95
19	兴城市	17905	113184	9109	0.03
20	长海县	126924	1046698	30259	0.01
21	中山区	189623	417182	29237	3.88
22	庄河市	65712	286001	31234	0.09

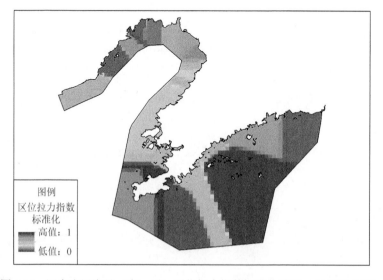

图 5.24　辽宁省沿海县（市、区）区位拉力指数标准化结果（见书后彩图）

　　h. 海域区位条件评价结果。

　　取 A 类用海定级指标权重信息表（表 5.2）中的权重值，利用式（5.13）对海域区位条件中典型生态区距离指数、重要渔业资源区距离指数、离岸距离指数、城区距离指数、海洋保护区距离指数、滨海旅游区距离指数、区位拉力指数 7 个评价因子进行叠加运算。辽宁省 A 类用海海域区位条件评价结果如图 5.25 所示。

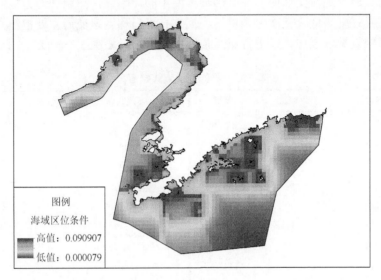

图 5.25　辽宁省 A 类用海海域区位条件评价结果（见书后彩图）

　　（4）用海适宜条件。

　　用海适宜条件：反映不同用海方式用海适宜性条件。包括必选评价因子和参考评价因子。用海适宜条件综合评价值计算公式如下：

$$W_{用海适宜条件} = \sum_{i=1}^{n} f_i \cdot \lambda_i \qquad (5.22)$$

式中，$W_{用海适宜条件}$ 为用海适宜条件综合评价值；f_i 为第 i 类评价因子计算结果分值；λ_i 为第 i 类评价因子的权重值。

　　用海适宜条件包括交通条件发达指数和毗邻相同用地类型土地价格两个评价因子。

　　a. 交通条件发达指数。

　　交通条件发达指数：反映评价单元交通便利性。

　　交通条件发达指数为评价单元与最近的公路、港口、机场及铁路等交通方式的距离之和的倒数与分值乘积。交通条件发达指数越高，交通便利性越好。公式如下：

$$O_{ij} = \frac{1}{\sum\limits_{i=1, j=1}^{n,k} d_{ij}} \cdot q_j \tag{5.23}$$

式中，O_{ij} 为交通条件发达指数；d_{ij} 为第 i 评价单元与第 j 类交通方式的最近距离（km）；q_j 为第 j 类交通方式的分值。

不同交通方式对交通便利性的影响程度不同，因此，按照交通方式对便利性评价的重要程度高低，依次分为机场、高铁、港口和高速交通主要枢纽点，不同交通方式赋值见表 5.15。辽宁省交通条件标准化结果如图 5.26 所示。

表 5.15　不同交通方式赋值表

名称	赋值	类型	名称	赋值	类型
东港站	0.8	高铁站	花园口站	0.6	高铁站
大孤山站	0.6	高铁站	城子坦站	0.6	高铁站
庄河北站	0.8	高铁站	皮口站	0.6	高铁站
青堆子站	0.6	高铁站	杏树屯站	0.6	高铁站
大连北站	1.0	高铁站	高速节点 13	0.7	高速节点
普湾站	0.7	高铁站	高速节点 14	0.7	高速节点
复州湾站	0.6	高铁站	高速节点 15	0.7	高速节点
炮台站	0.5	高铁站	高速节点 16	0.7	高速节点
瓦房店西站	0.6	高铁站	高速节点 17	0.7	高速节点
鲅鱼圈站	0.7	高铁站	高速节点 18	0.7	高速节点
盖州西站	0.6	高铁站	高速节点 19	0.7	高速节点
营口东站	0.8	高铁站	高速节点 20	0.7	高速节点
盘锦北站	0.8	高铁站	高速节点 21	0.7	高速节点
锦州南站	0.8	高铁站	高速节点 22	0.7	高速节点
葫芦岛站	0.8	高铁站	高速节点 23	0.7	高速节点
葫芦岛北站	0.8	高铁站	高速节点 24	0.7	高速节点
兴城西站	0.6	高铁站	高速节点 25	0.7	高速节点
东辛庄站	0.6	高铁站	高速节点 26	0.7	高速节点
东戴河站	0.7	高铁站	高速节点 27	0.7	高速节点
秦皇岛站	0.8	高铁站	高速节点 28	0.7	高速节点
丹东西站	0.9	高铁站	丹东浪头机场	0.9	机场
北井子站	0.6	高铁站	大连周水子机场	1.0	机场
丹东站	0.9	高铁站	营口兰旗机场	0.8	机场
大连站	1.0	高铁站	北戴河机场	0.8	机场

续表

名称	赋值	类型	名称	赋值	类型
高速节点 1	0.7	高速节点	长海机场	0.7	机场
高速节点 2	0.7	高速节点	丹东港	1.0	港口
高速节点 3	0.7	高速节点	獐岛码头	0.7	港口
高速节点 4	0.7	高速节点	大鹿岛新港	0.7	港口
高速节点 5	0.7	高速节点	皮口港客运港区	0.7	港口
高速节点 6	0.7	高速节点	杏树港	0.7	港口
高速节点 7	0.7	高速节点	大连港	1.0	港口
高速节点 8	0.7	高速节点	营口港	0.9	港口
高速节点 9	0.7	高速节点	盘锦港	0.9	港口
高速节点 10	0.7	高速节点	锦州港	0.9	港口
高速节点 11	0.7	高速节点	兴城交通码头	0.7	港口
高速节点 12	0.7	高速节点	葫芦岛港	0.9	港口

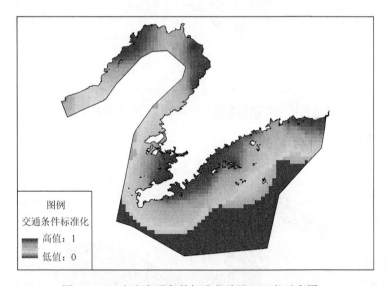

图 5.26　辽宁省交通条件标准化结果（见书后彩图）

b. 毗邻相同用地类型土地价格。

毗邻相同用地类型土地价格：反映县（市、区）管辖海域毗邻土地的价格。通过样点选择，土地价格向海一侧逐渐衰减。公式如下：

$$V_i = \sum_{i,j=0}^{n} \frac{1}{\{d_{ij}\}_{\min}} \cdot v_j \qquad (5.24)$$

式中，V_i为毗邻相同用地类型土地价格；d_{ij}为第 i 评价单元中心与第 j 个样点的距离；v_j为第 j 类样点的分值。

本次定级工作毗邻相同用地类型土地价格数据来源是辽宁省自然资源厅官网中土地出让公示，通过成交价和面积数据计算出样点的单价并参与评价单元赋值运算。辽宁省沿海毗邻相同用地类型土地价格样点分布如图 5.27 所示，土地价格指数标准化结果如图 5.28 所示。

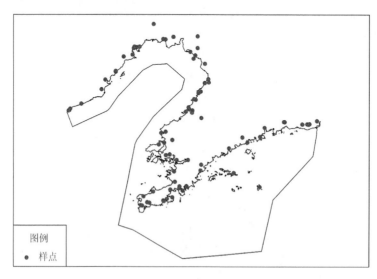

图 5.27　辽宁省沿海毗邻相同用地类型土地价格样点分布图

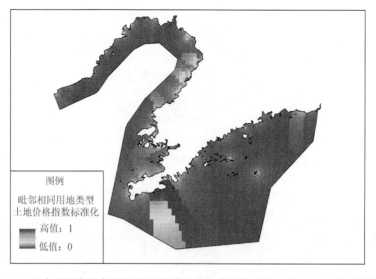

图 5.28　辽宁省沿海毗邻相同用地类型土地价格指数标准化结果（见书后彩图）

c. 用海适宜条件评价结果。

取 A 类用海定级指标权重信息表（表 5.2）中的权重值，利用式（5.22）对用海适宜条件中交通条件发达指数和毗邻相同用地类型土地价格两个评价因子进行叠加运算。辽宁省 A 类用海用海适宜条件评价结果如图 5.29 所示。

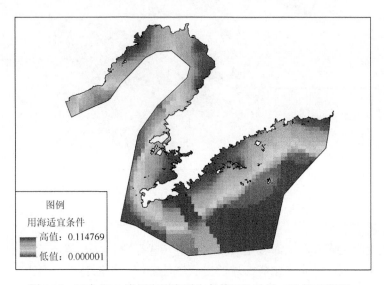

图 5.29　辽宁省 A 类用海用海适宜条件评价结果（见书后彩图）

（5）海域资源综合评价。

依据上述评价结果，将海域自然条件、海域资源利用程度、海域区位条件和用海适宜条件进行叠加。辽宁省海域资源综合评价指数一般呈现近岸高于外海的趋势。海岛、海湾、河口、保护区、滨海湿地、重要渔业区及其周边海域价值指数高于其他海域。辽宁省 A 类用海海域资源综合评价结果如图 5.30 所示。

2. B 类用海

1）指标体系

（1）指标筛选。

《海域定级技术指引（试行）》指出：“透水构筑物用海采用 B 类指标体系定级。”

本次评价以《海域定级技术指引（试行）》为依据，最终筛选的评价因子包括海岸质量指数、海水质量指数、底质质量指数、水深指数、海洋灾害性指数、占用海湾指数、海域空间资源指数、典型生态区距离指数、重要渔业资源区距离指数、城区距离指数、滨海旅游区距离指数、海洋保护区距离指数、交通条件发达指数，共计 13 个评价因子。

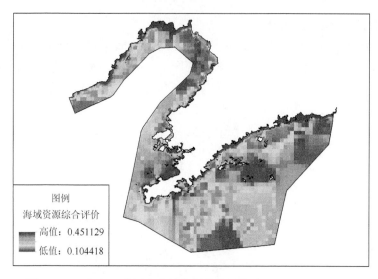

图 5.30　辽宁省 A 类用海海域资源综合评价结果（见书后彩图）

（2）确定权重。

本次定级工作参考《海域定级技术指引（试行）》中 B 类定级指标体系评价因子的权重范围，结合辽宁省海域的自然属性特征、用海特点、海洋产业格局和经济发展情况，综合分析并确定辽宁省海域 B 类用海定级评价因子的权重。其确定方法同 A 类用海，如表 5.16 所示。

表 5.16　B 类用海定级指标权重信息表

序号	定级因素	一级权重	评价因子	二级权重
1			海岸质量指数	0.090
2			海水质量指数	0.090
3	海域自然条件	0.45	底质质量指数	0.090
4			水深指数	0.090
5			海洋灾害性指数	0.090
6	海域资源利用程度	0.30	占用海湾指数	0.150
7			海域空间资源指数	0.150
8			典型生态区距离指数	0.035
9			重要渔业资源区距离指数	0.035
10	海域区位条件	0.15	城区距离指数	0.010
11			滨海旅游区距离指数	0.035
12			海洋保护区距离指数	0.035
13	用海适宜条件	0.10	交通条件发达指数	0.100

2）评价因子量化计算及标准化

（1）海域自然条件。

取 B 类用海定级指标权重信息表（表 5.16）中的权重值，对海域自然条件中海岸质量指数、海水质量指数、底质质量指数、水深指数、海洋灾害性指数 5 个评价因子进行叠加运算。辽宁省 B 类用海海域自然条件评价结果如图 5.31 所示。

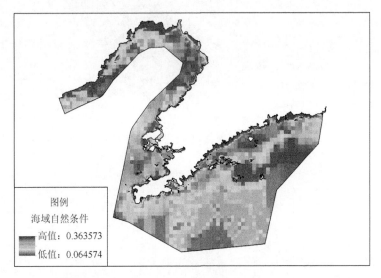

图 5.31　辽宁省 B 类用海海域自然条件评价结果（见书后彩图）

（2）海域资源利用程度。

取 B 类用海定级指标权重信息表（表 5.16）中的权重值，对海域资源利用程度中占用海湾指数和海域空间资源指数两个评价因子进行叠加运算。辽宁省 B 类用海海域资源利用程度评价结果如图 5.32 所示。

（3）海域区位条件。

取 B 类用海定级指标权重信息表（表 5.16）中的权重值，对典型生态区距离指数、重要渔业资源区距离指数、城区距离指数、滨海旅游区距离指数、海洋保护区距离指数 5 个评价因子进行叠加运算。辽宁省 B 类用海海域区位条件评价结果如图 5.33 所示。

（4）用海适宜条件。

取 B 类用海定级指标权重信息表（表 5.16）中的权重值，对用海适宜条件进行运算。辽宁省 B 类用海用海适宜条件评价结果如图 5.34 所示。

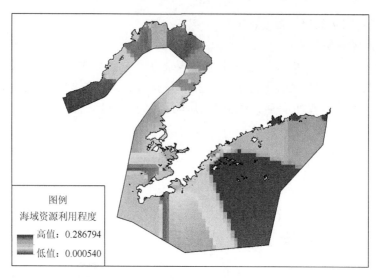

图 5.32 辽宁省 B 类用海海域资源利用程度评价结果（见书后彩图）

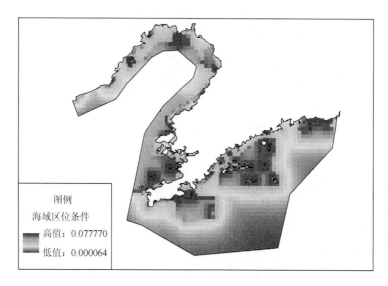

图 5.33 辽宁省 B 类用海海域区位条件评价结果（见书后彩图）

（5）海域资源综合评价。

通过评价结果发现海域资源质量评价指数的数值趋势与 A 类用海相似,海岛、海湾、河口、保护区、滨海湿地、重要渔业区及其周边海域价值指数高于其他海域。辽宁省 B 类用海海域资源综合评价结果如图 5.35 所示。

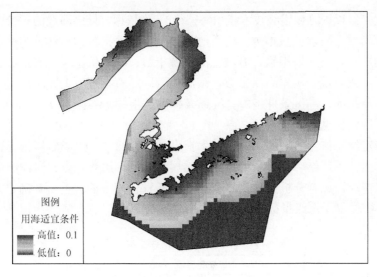

图 5.34　辽宁省 B 类用海用海适宜条件评价结果（见书后彩图）

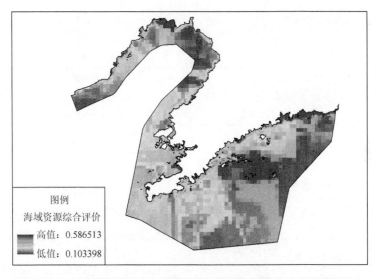

图 5.35　辽宁省 B 类用海海域资源综合评价结果（见书后彩图）

3. C 类用海

1）指标体系

（1）指标筛选。

《海域定级技术指引（试行）》指出："港池、蓄水用海和专用航道、锚地用海，均属于交通运输用海，采用 C 类指标体系定级。"

本次定级以《海域定级技术指引（试行）》为依据，最终筛选的评价因子包括海岸质量指数、海水质量指数、底质质量指数、水深指数、海洋灾害性指数、占用海湾指数、岸线稀缺指数、海域空间资源指数、典型生态区距离指数、重要渔业资源区距离指数、离岸距离指数、滨海旅游区距离指数、港区距离指数、海洋保护区距离指数、港区条件指数、交通条件发达指数，共计 16 个评价因子。

（2）确定权重。

本次定级工作参考《海域定级技术指引（试行）》中 C 类定级指标体系评价因子的权重范围，结合辽宁省海域的自然属性特征、用海特点、海洋产业格局和经济发展情况，综合分析并确定 C 类用海定级评价因子的权重。其确定方法同 A 类用海，C 类用海定级指标权重信息表如表 5.17 所示。

表 5.17　C 类用海定级指标权重信息表

序号	定级因素	一级权重	评价因子	二级权重
1			海岸质量指数	0.093
2			海水质量指数	0.036
3	海域自然条件	0.3	底质质量指数	0.052
4			水深指数	0.093
5			海洋灾害性指数	0.026
6			占用海湾指数	0.100
7	海域资源利用程度	0.3	岸线稀缺指数	0.100
8			海域空间资源指数	0.100
9			典型生态区距离指数	0.045
10			重要渔业资源区距离指数	0.045
11	海域区位条件	0.2	离岸距离指数	0.023
12			滨海旅游区距离指数	0.027
13			港区距离指数	0.019
14			海洋保护区距离指数	0.041
15	用海适宜条件	0.2	港区条件指数	0.120
16			交通条件发达指数	0.080

2）评价因子量化计算及标准化

（1）海域自然条件。

C 类用海海域自然条件评价指标包括海岸质量指数、海水质量指数、底质质量指数、水深指数、海洋灾害性指数 5 个评价因子。取 C 类用海定级指标权重信息表（表 5.17）中的权重值，方法同 A 类用海海域自然条件计算模型进行叠加运算。辽宁省 C 类用海海域自然条件评价结果如图 5.36 所示。

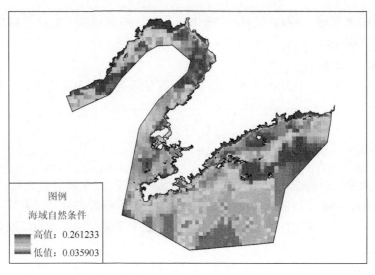

图 5.36　辽宁省 C 类用海海域自然条件评价结果（见书后彩图）

（2）海域资源利用程度。

取 C 类用海定级指标权重信息表中的权重值，对海域资源利用程度中占用海湾指数、岸线稀缺指数和海域空间资源指数 3 个评价因子进行叠加运算。辽宁省 C 类用海海域资源利用程度评价结果如图 5.37 所示。

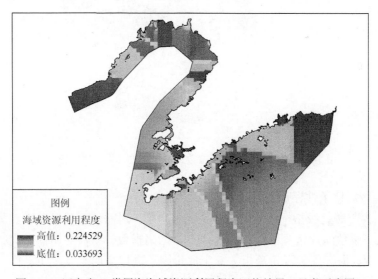

图 5.37　辽宁省 C 类用海海域资源利用程度评价结果（见书后彩图）

（3）海域区位条件。

C 类用海海域区位条件包括典型生态区距离指数、重要渔业资源区距离指数、离岸距离指数、滨海旅游区距离指数、港区距离指数、海洋保护区距离指数 6 个评价因子。

a. 港区距离指数。

港区距离指数：反映评价单元中心与港区的距离。距离港区越近，资源质量越高。

$$G_i = \sum_{i,j=0}^{n} \frac{1}{\{d_{ij}\}_{min}} \qquad (5.25)$$

式中，G_i 为港区距离指数；d_{ij} 为第 i 评价单元中心与第 j 个港区的距离（km）。

辽宁省主要港口包括丹东港、庄河港、大连港、旅顺口港、长兴岛港、鲅鱼圈港、营口港、盘锦港、锦州港和葫芦岛港。辽宁省港区距离指数标准化结果如图 5.38 所示。

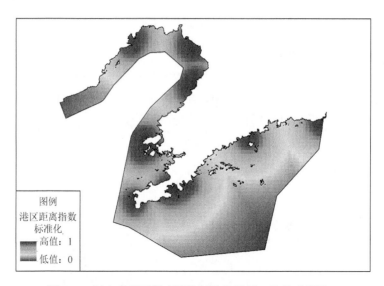

图 5.38　辽宁省港区距离指数标准化结果（见书后彩图）

b. 海域区位条件评价结果。

取 C 类用海定级指标权重信息表中的权重值，对海域区位条件中典型生态区距离指数、重要渔业资源区距离指数、离岸距离指数、滨海旅游区距离指数、港区距离指数、海洋保护区距离指数 6 个评价因子进行叠加运算。辽宁省 C 类用海海域区位条件评价结果如图 5.39 所示。

（4）用海适宜条件。

C 类用海用海适宜条件包括交通条件发达指数和港区条件指数两个评价因子。

a. 港区条件指数。

港区条件指数：反映海域建设港区适宜条件的优劣程度。一般海洋功能区划中港口航运区适宜条件为优，其他较差。

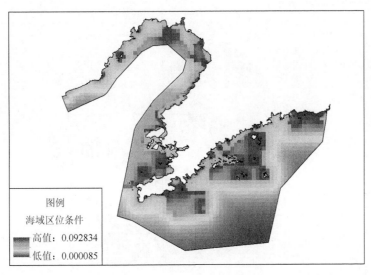

图 5.39　辽宁省 C 类用海海域区位条件评价结果（见书后彩图）

本次定级将港口航运区赋值为 1.0，其他海域赋值为 0.3。辽宁省海域港口条件指数标准化结果如图 5.40 所示。

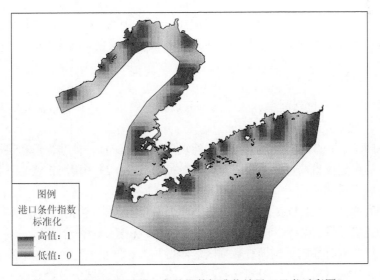

图 5.40　辽宁省海域港口条件指数标准化结果（见书后彩图）

b. 用海适宜条件评价结果。

取 C 类用海定级指标权重信息表中的权重值,对用海适宜条件中交通条件发达指数和港区条件指数两个评价因子进行叠加运算。辽宁省 C 类用海用海适宜条件评价结果如图 5.41 所示。

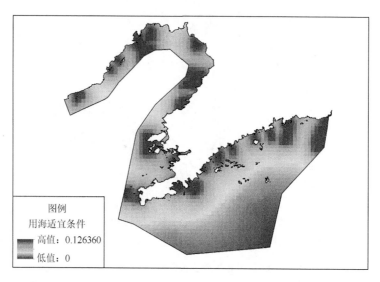

图 5.41　辽宁省 C 类用海用海适宜条件评价结果(见书后彩图)

(5)海域资源综合评价。

通过评价结果发现海域资源质量评价指数的数值趋势与 A 类用海相似,海岛、海湾、河口、保护区、滨海湿地、重要渔业区、港口区及其周边海域价值指数高于其他海域,局部略有改变。辽宁省 C 类用海海域资源综合评价结果如图 5.42 所示。

4. D 类用海

D 类用海主要包括围海养殖用海、开放式养殖用海、其他围海用海和其他开放式用海,主要反映渔业用海特征。

为保障科学有效地实施海域定级,实现资源优化配置,精准管理和保护海域资源,本书提出建议省(自治区、直辖市)级海域不进行 D 类用海定级,下放到地级市实施海域定级。

原因有两个:一是 D 类用海海域综合评价指标体系中,包括浮游植物生境质量、浮游动物生境质量、底栖生物生境质量和叶绿素 a 浓度 4 个评价因子。一般情况下,覆盖全省海域同时期的生物调查数据获取难度较大。二是通过对全国沿海省(自治区、直辖市)调查发现,一般省(自治区、直辖市)级海域资源管理部门将养殖用海审批和管理权下放到地级市。本部分内容将在第 6 章进行具体介绍。

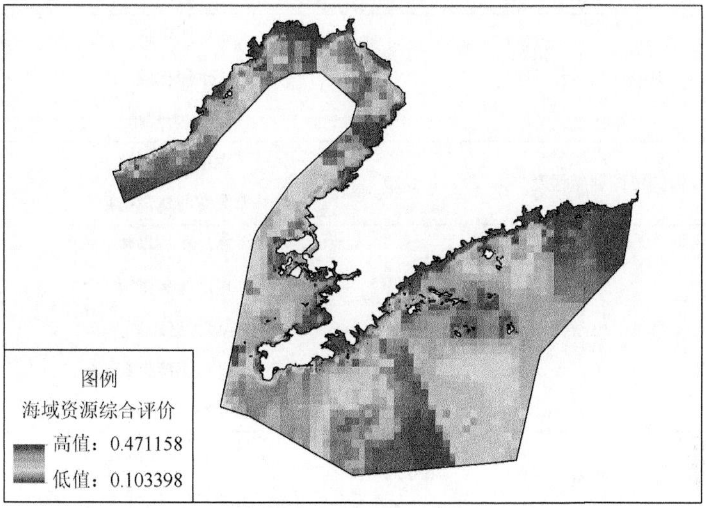

图 5.42　辽宁省 C 类用海海域资源综合评价结果（见书后彩图）

5. E 类用海

1）指标体系

（1）指标筛选。

《海域定级技术指引（试行）》指出："围海式游乐场用海、浴场用海、开放式游乐场用海，反映旅游娱乐用海特征，采用 E 类指标体系定级。"

本次定级以《海域定级技术指引（试行）》为依据，最终筛选的评价因子包括海岸质量指数、海水质量指数、底质质量指数、水深指数、海洋灾害性指数、占用海湾指数、海域空间资源指数、离岸距离指数、城区距离指数、海洋保护区距离指数、景点距离指数、旅游经济竞争力指数、旅游区条件指数、交通条件发达指数，共计 14 个评价因子。

（2）确定权重。

本次定级工作参考《海域定级技术指引（试行）》中 E 类定级指标体系评价因素的权重范围，结合辽宁省海域的自然属性特征、用海特点、海洋产业格局和经济发展情况，综合分析并确定辽宁省 E 类用海定级指标权重信息表（表 5.18）。

表 5.18　E 类用海定级指标权重信息表

序号	定级因素	一级权重	评价因子	二级权重
1	海域自然条件	0.40	海岸质量指数	0.119
2			海水质量指数	0.119

续表

序号	定级因素	一级权重	评价因子	二级权重
3			底质质量指数	0.063
4	海域自然条件	0.40	水深指数	0.063
5			海洋灾害性指数	0.036
6	海域资源利用程度	0.20	占用海湾指数	0.110
7			海域空间资源指数	0.090
8			离岸距离指数	0.022
9			城区距离指数	0.011
10	海域区位条件	0.10	海洋保护区距离指数	0.049
11			景点距离指数	0.011
12			旅游经济竞争力指数	0.007
13	用海适宜条件	0.30	旅游区条件指数	0.190
14			交通条件发达指数	0.110

2）评价因子量化计算及标准化

（1）海域自然条件。

取 E 类用海定级指标权重信息表中的权重值，对海域自然条件中海岸质量指数、海水质量指数、底质质量指数、水深指数、海洋灾害性指数 5 个评价因子进行叠加运算。辽宁省 E 类用海海域自然条件评价结果如图 5.43 所示。

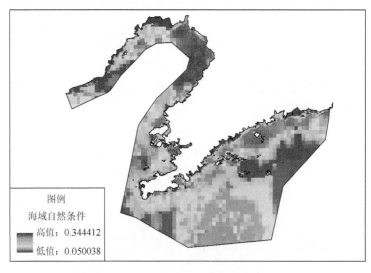

图 5.43　辽宁省 E 类用海海域自然条件评价结果（见书后彩图）

（2）海域资源利用程度。

取 E 类用海定级指标权重信息表中的权重值，对海域资源利用程度中占用海湾指数和海域空间资源指数两个评价因子进行叠加运算。辽宁省 E 类用海海域资源利用程度评价结果如图 5.44 所示。

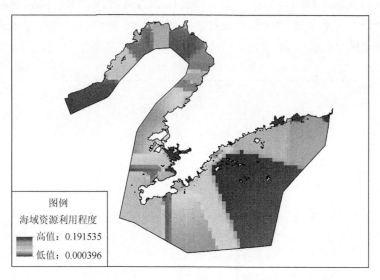

图 5.44　辽宁省 E 类用海海域资源利用程度评价结果（见书后彩图）

（3）海域区位条件。

E 类用海海域区位条件包括离岸距离指数、城区距离指数、海洋保护区距离指数、景点距离指数、旅游经济竞争力指数 5 个评价因子。

a. 景点距离指数。

景点距离指数：反映评价单元中心与景点的距离。距离景点越大，资源质量越高。

$$F_i = \sum_{i,j=0}^{n} \frac{1}{\{d_{ij}\}_{\min}} \qquad (5.26)$$

式中，F_i 为景点距离指数；d_{ij} 为第 i 评价单元中心与第 j 个景点的距离（km）。

辽宁省沿海主要景点包括太平湖公园、四角公园、鸭绿江口国家湿地观鸟园、獐岛景区、大鹿岛风景区、北棒棰岛、老虎滩海洋公园、燕窝岭风景区、亚细亚度假村、付家庄公园、金沙滩度假村、大连森林公园、星海广场、星海公园、富国公园、龙王庙、福清公园、千年古莲园、紫云花汐薰衣草主题公园、荣兴湖公园、永远角湿地、江南风情园、含章湖水上休闲度假区、民族园、甲午中日战争田庄台遗址群、蛤蜊岗风景区、绿风湖公园、人民公园、大洼西安生态旅游区、中尧七彩庄园、红海滩国家风景廊道小岛闲情、红海滩国家风景廊道、月牙湾湿地公园、兴城湿地公园、兴城温泉度假村、兴城古城景区、红海栈道、金沙湾滨海旅游度假区、滨河公园、文殊禅院、天龙寺、前卫斜塔、前所古城、银泰水星海洋乐园、东河湾公园、万佛禅寺、碣石国家级海洋公园等 166 个景点。辽宁省沿海景点位置分布如图 5.45 所示，辽宁省海域景点距离指数标准化结果如图 5.46 所示。

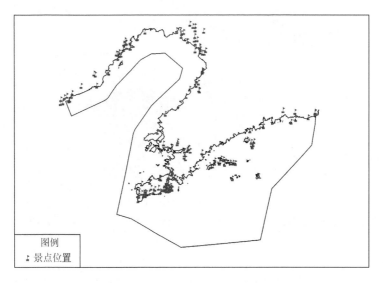

图 5.45　辽宁省沿海景点位置分布图

　　b. 旅游经济竞争力指数。

　　旅游经济竞争力指数：反映该地区旅游经济竞争力，受横向竞争力和纵向竞争力共同影响，旅游经济竞争力指数越高，价值越高。横向竞争力为省内各地级市人均旅游贡献率排序，反映该地区旅游经济竞争能力；纵向竞争力按照省内各县（区、市）人均 GDP 排序，反映各县（区、市）的经济实力。人均旅游贡献率为该地区收入与旅游总人次之比。

$$F_{\text{旅游竞争力}} = \cfrac{n}{\begin{bmatrix} 1 \\ 2 \\ \vdots \\ i \end{bmatrix}_{\text{纵向竞争力}} \times [j]_{\text{横向竞争力}}} \tag{5.27}$$

式中，$F_{旅游竞争力}$ 为旅游经济竞争力指数；i 为纵向竞争力的排序值；j 为横向竞争力的排序值；n 为参与排序的城市数量。

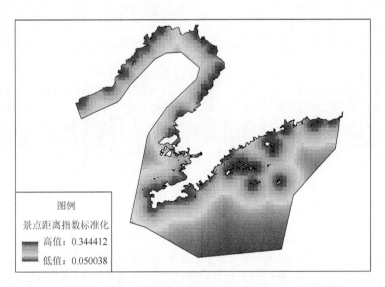

图 5.46　辽宁省海域景点距离指数标准化结果（见书后彩图）

辽宁省旅游经济竞争力指数统计如表 5.19 所示。辽宁省海域旅游经济竞争力指数标准化结果如图 5.47 所示。

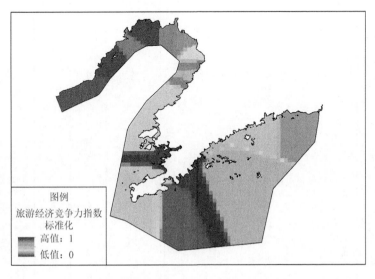

图 5.47　辽宁省海域旅游经济竞争力指数标准化结果（见书后彩图）

表 5.19 旅游经济竞争力指数统计表

地级市	国内旅游接待人数/万人	国内旅游收入/亿元	地级市人均GDP(元/人)	横向竞争力	县(市、区)	生产总值/亿元	人口数/万人	县(市、区)人均GDP(元/人)	纵向竞争力	旅游竞争力指数
大连市	7633.80	1105.20	1447.77	1	中山区	683.58	36.05	189622.77	2	0.500
					西岗区	324.16	29.06	111549.57	5	0.200
					沙河口区	372.40	64.46	57769.35	12	0.083
					甘井子区	890.06	86.30	103133.83	7	0.143
					旅顺口区	244.80	22.14	110562.06	6	0.167
					金普新区	1611.34	68.87	233964.56	1	1.000
					普兰店区	452.33	91.37	49505.44	14	0.071
					长海县	91.29	7.19	126924.01	4	0.250
					瓦房店市	901.97	99.78	90394.36	8	0.125
					庄河市	594.03	90.40	65711.84	11	0.091
丹东市	4014.70	356.30	887.49	2	东港市	223.84	60.46	37021.27	17	0.029
营口市	2399.60	206.70	861.39	3	鲅鱼圈区	364.88	48.20	75701.91	9	0.037
					老边区	167.03	11.80	141553.39	3	0.111
					盖州市	165.07	65.50	25202.12	20	0.017
盘锦市	2262.10	188.10	831.53	4	盘山县	115.63	27.45	42124.23	15	0.017
					大洼区	249.50	37.82	65978.44	10	0.025
锦州市	2347.40	167.80	714.83	6	凌海市	152.40	52.20	29195.04	19	0.009
					滨海经济开发区	115.58	37.00	31236.65	18	0.009
葫芦岛市	2064.70	165.90	803.51	5	连山区	156.58	42.00	37281.83	16	0.013
					龙港区	120.49	23.30	51713.18	13	0.015
					绥中县	138.47	57.20	24207.43	21	0.010
					兴城市	104.38	58.30	17904.67	22	0.009

c. 海域区位条件评价结果。

取 E 类用海定级指标权重信息表中的权重值,对海域区位条件中离岸距离指数、城区距离指数、海洋保护区距离指数、景点距离指数、旅游经济竞争力指数 5 个评价因子进行叠加运算。辽宁省 E 类用海海域区位条件评价结果如图 5.48 所示。

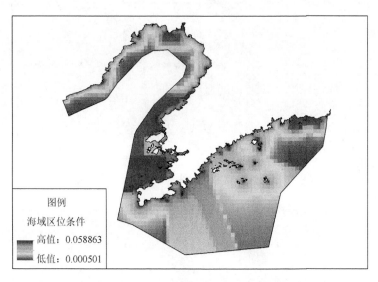

图 5.48　辽宁省 E 类用海海域区位条件评价结果(见书后彩图)

(4)用海适宜条件。

E 类用海用海适宜条件包括旅游区条件指数和交通条件发达指数两个评价因子。

a. 旅游区条件指数。

旅游区条件指数:反映海域旅游适宜条件的优劣程度。一般海洋功能区划中旅游娱乐区适宜条件为优,其他较差。

本次定级将旅游区条件赋值为 1.0,其他海域赋值为 0.3。辽宁省 E 类用海旅游区条件指数标准化结果如图 5.49 所示。

b. 用海适宜条件评价结果。

取 E 类用海定级指标权重信息表中的权重值,对用海适宜条件中旅游区条件指数和交通条件发达指数两个评价因子进行叠加运算。辽宁省 E 类用海用海适宜条件评价结果如图 5.50 所示。

(5)海域资源综合评价。

通过评价结果发现海域资源质量评价指数的数值趋势与 A 类用海相似,海岛、海湾、河口、保护区、滨海湿地、重要渔业区及其周边海域价值指数高于其他海域,局部略有改变。辽宁省 E 类用海海域资源综合评价结果如图 5.51 所示。

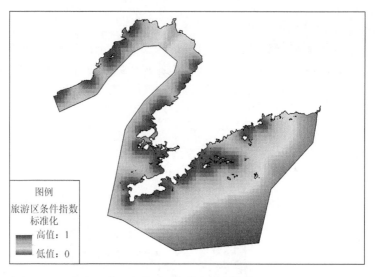

图 5.49　辽宁省 E 类用海旅游区条件指数标准化结果（见书后彩图）

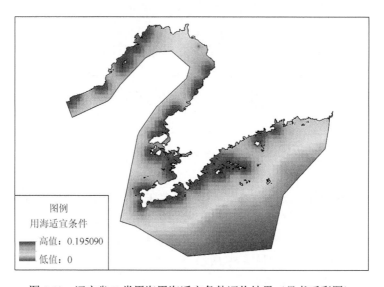

图 5.50　辽宁省 E 类用海用海适宜条件评价结果（见书后彩图）

6. F 类用海

1）指标体系

（1）指标筛选。

《海域定级技术指引（试行）》指出："盐田用海采用 F 类指标体系定级。"
本次定级以《海域定级技术指引（试行）》为依据，最终筛选的评价因子包括海岸质量指数、海水质量指数、底质质量指数、水深指数、海洋灾害性指数、占用海湾指数、海域空间资源指数、典型生态区距离指数、离岸距离指数、海洋保护区距离指数、盐业条件指数和交通条件发达指数，共计 12 个评价因子。

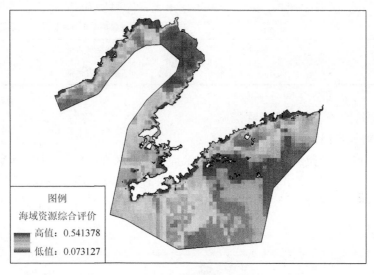

图 5.51　辽宁省 E 类用海海域资源综合评价结果（见书后彩图）

（2）确定权重。

本次定级工作参考《海域定级技术指引（试行）》中 F 类定级指标体系评价因子的权重范围，结合辽宁省海域的自然属性特征、用海特点、海洋产业格局和经济发展情况，综合分析并确定辽宁省海域 F 类用海定级指标权重信息息（表 5.20）。

表 5.20　F 类用海定级指标权重信息表

序号	定级因素	一级权重	评价因子	二级权重
1			海岸质量指数	0.193
2			海水质量指数	0.106
3	海域自然条件	0.50	底质质量指数	0.060
4			水深指数	0.106
5			海洋灾害性指数	0.035
6	海域资源利用程度	0.20	占用海湾指数	0.110
7			海域空间资源指数	0.090

续表

序号	定级因素	一级权重	评价因子	二级权重
8			典型生态区距离指数	0.060
9	海域区位条件	0.15	离岸距离指数	0.030
10			海洋保护区距离指数	0.060
11	用海适宜条件	0.15	盐业条件指数	0.090
12			交通条件发达指数	0.060

2）评价因子量化计算及标准化

（1）海域自然条件。

F 类用海海域自然条件包括海岸质量指数、海水质量指数、底质质量指数、水深指数、海洋灾害性指数 5 个评价因子。取 F 类用海定级指标权重信息表中的权重值，对 5 个评价因子进行叠加运算。辽宁省 F 类用海海域自然条件评价结果如图 5.52 所示。

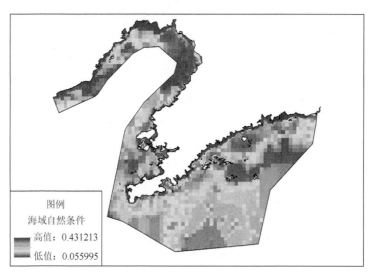

图 5.52　辽宁省 F 类用海海域自然条件评价结果（见书后彩图）

（2）海域资源利用程度。

F 类用海海域资源利用程度包括占用海湾指数和海域空间资源指数两个评价因子。取 F 类用海定级指标权重信息表中的权重值，对两个评价因子进行叠加运算。辽宁省 F 类用海海域资源利用程度评价结果如图 5.53 所示。

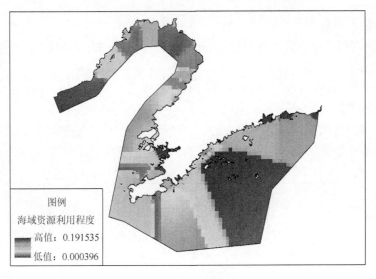

图 5.53　辽宁省 F 类用海海域资源利用程度评价结果（见书后彩图）

（3）海域区位条件。

F 类用海海域区位条件包括典型生态区距离指数、离岸距离指数、海洋保护区距离指数 3 个评价因子。取 F 类用海定级指标权重信息表中的权重值，对 3 个评价因子进行叠加运算。辽宁省 F 类用海海域区位条件评价结果如图 5.54 所示。

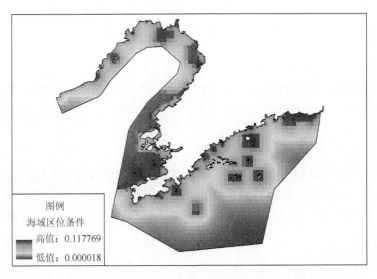

图 5.54　辽宁省 F 类用海海域区位条件评价结果（见书后彩图）

（4）用海适宜条件。

F 类用海用海适宜条件包括盐业条件指数和交通条件发达指数两个评价因子。

a. 盐业条件指数。

盐业条件指数：反映海域盐业适宜条件的优劣程度。一般盐田区适宜条件为优，其他较差。

本次定级将盐田区赋值为 1.0，其他海域赋值为 0.3。辽宁省 F 类用海盐业条件指数标准化结果如图 5.55 所示。

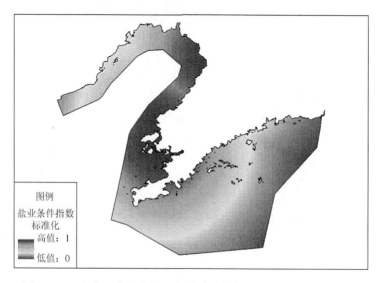

图 5.55　辽宁省 F 类用海盐业条件指数标准化结果（见书后彩图）

b. 用海适宜条件评价结果。

取 F 类用海定级指标权重信息表中的权重值，对用海适宜条件中盐田条件指数和交通条件发达指数进行运算。辽宁省 F 类用海用海适宜条件评价结果如图 5.56 所示。

（5）海域资源综合评价。

通过评价结果发现海域资源质量评价指数的数值趋势与 A 类用海相似，海岛、海湾、河口、保护区、滨海湿地、重要渔业区及其周边海域价值指数高于其他海域，局部略有改变。辽宁省 F 类用海海域资源综合评价结果如图 5.57 所示。

7. 评价结果分析

通过大量调研和资料与数据收集，全面摸清了辽宁省海域自然资源、生态环境和社会经济情况，充分考量海域资源禀赋、自然条件、区位条件、资源利用条件、生态环境条件和用海适宜条件等综合评价因素，对同一等别海域统筹进行海域级别划分。在划分过程中，利用综合评价模型对每个评价单元进行资源质量指数计算，海域资源质量呈现由高到低分布。通过聚类分析，依据价值指数分布特征，分别将高值和低值区域自动聚类形成同一级别。最终以资源稀缺性为基础，将高值区域确定为高级别海域，将低值区域确定为低级别海域。

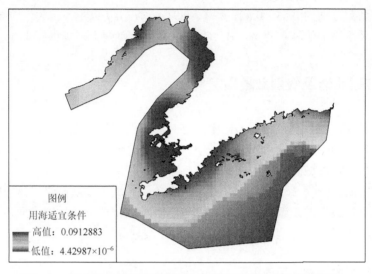

图 5.56　辽宁省 F 类用海用海适宜条件评价结果（见书后彩图）

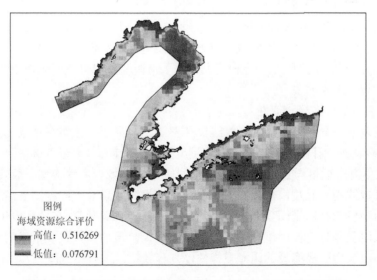

图 5.57　辽宁省 F 类用海海域资源综合评价结果（见书后彩图）

　　海域资源质量评价结果显示，A、B、C、E、F 类用海海域资源质量高低趋势相近，D 类用海与其他用海类型趋势差异较大。

　　本方案依据海域资源质量评价结果开展 A 类用海与 B、C、E、F 类用海相关性分析。若相关性较高，则采用"中值法"将 A、B、C、E、F 类用海归为一类定级；不然，将 A、B、C、E、F 类用海分别定级。

　　利用 Excel 相关性分析公式，分别对 A/B、A/C、A/E、A/F 进行相关分析，得出相关系数分别为 0.83、0.80、0.71、0.91，均在 0.7 以上，相关性较高。因此，本次定级采用"中值法"将 A、B、C、E、F 类用海归为一类进行定级。

5.2.7　方案比选及级别数量确定

　　《海域定级技术指引（试行）》中没有对海域级别划分数量做出规定。本次定级工作确定级别数量主要考虑两方面因素：一是海域自然资源质量的自然分布特征；二是与实际海域管理需求相协调。

　　辽宁省海域分为 2、3、4、5、6 共 5 个等别海域。本次定级总体按照"统一评价，同等定级"的定级思路，以海域自然资源综合评价结果为依据，采用"中值法"选用 2 级划分方案、3 级划分方案和 5 级划分方案进行比选。

　　1. 2 级划分方案（比选）

　　1）海域资源分配程度

　　2 级划分方案（图 5.58）结果显示，沿岸海域和外海海域资源质量差异明显，沿岸海域资源质量高于外海海域。该方案将质量指数高值区划分为Ⅰ级海域，其他海域划分为Ⅱ级海域，在一定程度上体现了沿岸与外海自然资源稀缺性的差异，但外海海域表现不明显。

　　2）空间分布格局合理性

　　2 级划分方案景观破碎度测算结果（表 5.21）显示，Ⅰ级海域景观破碎度测度为 0.59×10^{-4}，Ⅱ级海域景观破碎度测度为 0.21×10^{-4}。Ⅰ级海域主要分布在沿岸海域，用海类型多样且受用海规模控制，而Ⅱ级海域内用海类型一般较为单一，主要是开放式用海且用海规模较大。因此，Ⅰ级海域景观破碎度测度高于Ⅱ级海域符合海域资源利用空间分布。但同时也出现了外海海域空间布局同质化的现象。例如，长海县因为用海类型较为单一且规模较大，虽能保持景观格局的完整性，但表现不出长山列岛海域的用海多样性，划分较粗，同质化过度。

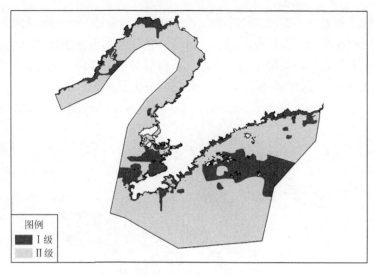

图 5.58　辽宁省海域 2 级划分方案

表 5.21　2 级划分方案景观破碎度测算结果

级别	斑块数/个	总面积/hm²	测度/10⁻⁴
Ⅰ级海域	56	952255	0.59
Ⅱ级海域	67	3178294	0.21

3）海洋生态环境保护要求

海域级别划分主要考虑资源稀缺性较高的海域，但同时也注重海洋生态环境保护要求，一定程度上提高了海湾、河口、滨海湿地、海岛等典型海洋生态系统的价值指数，以提高海域级别利用经济杠杆来控制用海规模，并最终达到海洋生态环境保护要求。

2 级划分方案，海湾、河口、滨海湿地、海岛等典型海洋生态系统一般处于Ⅰ级海域，符合海洋生态环境保护要求。

4）重大发展战略符合性

2 级划分方案以优化海域资源配置为目的，保护与利用并行，实现海域资源高质量发展。

2. 3 级划分方案（推荐）

1）海域资源分配程度

3 级划分方案（图 5.59）结果显示，近岸海域和外海海域资源质量差异明显，近岸海域资源质量高于外海海域。该方案将质量指数高值区划分为Ⅰ级海域，细化外海海域级别划分。基本实现沿岸海域普遍为Ⅰ级海域，近岸海域为Ⅱ级海域，外海海域为Ⅲ级海域的资源分配梯度，形成一条完整的资源缓冲带，实现近岸海域资源分配更加充分，某种程度上也起到了资源保护的作用。该方案在提高海岛及周边海域级别的同时细化级别划分，使资源分配更加充分。

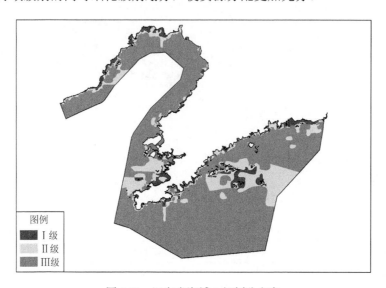

图 5.59　辽宁省海域 3 级划分方案

2）空间分布格局合理性

3 级划分方案景观破碎度测算结果（表 5.22）显示，Ⅰ级海域景观破碎度测度为 3.81×10^{-4}，Ⅱ级海域景观破碎度测度为 1.86×10^{-4}，Ⅲ级海域景观破碎度测度为 0.26×10^{-4}。十分明显，Ⅰ级海域景观破碎度出现景观分裂，约是 2 级划分方案的 6.5 倍。原因在于对高价值资源进一步提高级别，划分了海湾、河口和典型生态系统的保护与利用空间格局。Ⅱ级海域景观破碎度测度出现升高，约是 2 级划分方案的 8.9 倍，同时出现Ⅲ级海域景观破碎度测度值。Ⅱ级海域景观破碎度升高是Ⅰ级海域景观切断了近岸原较为完整景观的连续性。这样，景观破碎导致空间分布连续性被破坏，而Ⅰ级海域、Ⅱ级海域是资源利用的主要海域，空间连续性破坏后将造成实际用海被分割，从而带来用海管理问题。

表 5.22　3 级划分方案景观破碎度测算结果

级别	斑块数/个	总面积/hm²	测度/10^{-4}
Ⅰ级海域	102	267603	3.81
Ⅱ级海域	127	683449	1.86
Ⅲ级海域	83	3179497	0.26

3）海洋生态环境保护要求

3 级划分方案，海湾、河口、滨海湿地、海岛等典型海洋生态系统一般处于Ⅰ级、Ⅱ级高级别海域，符合海洋生态环境保护要求。

4）重大发展战略符合性

3 级划分方案较 2 级划分方案进一步提高了近岸海域优良资源的级别，实现了海域资源优化配置，保障了各重点湾区发展空间，实现了湾区保护与利用并行，细化了湾区资源空间，为重点新能源发展项目预留了发展空间。

3. 5 级划分方案（比选）

1）海域资源分配程度

5 级划分方案（图 5.60）结果显示，资源分配特征不明显。总体上形成近岸海域向外海级别降低的趋势，部分海域出现了跳级的现象，这是资源自然分布的结果。虽然该方案更能表现资源质量的优劣特征，但不利于资源优化配置。

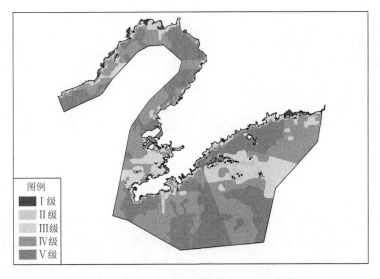

图 5.60 辽宁省海域 5 级划分方案（见书后彩图）

2）空间分布格局合理性

5 级划分方案景观破碎度测算结果（表 5.23）显示，Ⅰ级海域景观破碎度测度为 10.47×10^{-4}，Ⅱ级海域景观破碎度测度为 9.90×10^{-4}，Ⅲ级海域景观破碎度测度为 2.13×10^{-4}，Ⅳ级海域景观破碎度测度为 0.96×10^{-4}，Ⅴ级海域景观破碎度测度为 0.28×10^{-4}。由Ⅰ级海域到Ⅴ级海域，景观破碎度逐渐加重。

按照辽宁省海域定级技术路线，级别划分采用"中值法"。5 级划分方案中Ⅰ

级、Ⅱ级和Ⅲ级海域的划分是对 2 级划分方案中Ⅰ级海域的细化，景观破碎度测度为 4.33，约是 2 级划分方案Ⅰ级海域景观破碎度的 7.3 倍；Ⅳ级、Ⅴ级是对 2 级划分方案中Ⅱ级海域的细化，景观破碎度测度为 0.63，是 2 级划分方案Ⅰ级海域景观破碎度的 3.0 倍。从空间分布格局上看，沿岸海域和近岸海域出现景观破碎且跳级现象，外海海域出现景观破裂直接导致同质化资源类型的不连贯性。这既不符合资源的自然分布特征，也不利于资源的空间利用。

表 5.23　5 级划分方案景观破碎度测算结果

级别	斑块数/个	总面积/hm²	测度/10⁻⁴
Ⅰ级海域	106	101224	10.47
Ⅱ级海域	156	157655	9.90
Ⅲ级海域	145	681562	2.13
Ⅳ级海域	156	1626988	0.96
Ⅴ级海域	44	1563121	0.28

3）海洋生态环境保护要求

5 级划分方案，海湾、河口、滨海湿地、海岛等典型海洋生态系统一般处于Ⅰ级、Ⅱ级、Ⅲ级中高级别海域，符合海洋生态环境保护要求。

4）重大发展战略符合性

由于 5 级划分方案海区划分过细，重点湾区和重点发展项目空间断裂，不利于海洋重大发展战略。

4. 推荐方案

通过对 2 级、3 级和 5 级的级别划分方案对比，3 级划分方案能够保持海域自然资源质量的自然分布特征，充分体现海域自然资源的稀缺性和价值，与实际海域管理需求协调性较好，便于海域管理与政策制定，有利于促进海域资源的集约利用，优化近岸和外海海域资源利用的空间布局。最终选择 3 级划分方案为推荐方案。

5.2.8　空间符合性分析

空间符合性分析是指基于待分析数据要素空间布局按照一定规定而进行的符合性分析。

海域使用必须符合海洋生态红线、海洋功能区划的管理和保护要求。海域级别划定的目的是实现海域资源保护与利用效益最大化，利用经济杠杆作用驱动海域使用方向和布局。因此，应当对划分结果进行空间符合性分析。

1. 与海洋生态红线空间符合性分析

海洋生态红线制度是指为维护海洋生态健康与生态安全，将重要海洋生态功能区、生态敏感区和生态脆弱区划定为重点管控区域并实施严格分类管控的制度安排。国家海洋局印发的《关于建立渤海海洋生态红线制度若干意见》提出，要将渤海海洋保护区、重要滨海湿地、重要河口、特殊保护海岛和沙源保护海域、重要砂质岸线、自然景观与文化历史遗迹、重要旅游区和重要渔业海域等区域划定为海洋生态红线区，并进一步细分为禁止开发区和限制开发区，依据生态特点和管理需求，分区分类制定红线管控措施。

环渤海三省一市政府须切实增强对建立渤海海洋生态红线制度重要性、紧迫性和必要性的认识，充分认识到建立渤海海洋生态红线制度是实施最严格渤海环境保护政策的重要内容，是加强渤海环境保护的重要工作，对于维护渤海海洋生态安全、保障环渤海地区社会经济可持续发展，具有重要的现实意义。

为了确保渤海海洋生态红线制度取得实际成效，《关于建立渤海海洋生态红线制度若干意见》提出了 4 项目标：第一，渤海总体自然岸线保有率不低于 30%，辽宁省、河北省、天津市、山东省自然岸线保有率分别不低于 30%、20%、5%、40%；第二，海洋生态红线区面积占渤海近岸海域面积的比例不低于 1/3，辽宁省、河北省、天津市、山东省海洋生态红线区面积占其管辖海域面积的比例分别不低于 40%、25%、10%、40%；第三，到 2020 年，海洋生态红线区陆源入海直排口污染物排放达标率达到 100%，陆源污染物入海总量减少 10%~15%；第四，到 2020 年，海洋生态红线区内海水水质达标率不低于 80%。

《关于建立渤海海洋生态红线制度若干意见》提出，环渤海三省一市要坚持"陆海统筹、多措并举、科学实施、分区分策、严格监管"的原则，按照"严标准、限开发、护生态、抓修复、减排放、控总量、提能力、强监管"的总体思路，重点完成 4 个方面的工作：一是严格实施红线区开发活动分区分类管理政策；二是有效推进红线区生态保护与整治修复；三是严格监管红线区污染排放；四是大力推进红线区监视监测和监督执法能力建设。

通过辽宁省海域定级推荐方案与海洋生态红线区叠加（图 5.61）分析发现，Ⅰ级、Ⅱ级海域普遍分布在海洋生态红线区内。外海海域生态红线区内，一般分布Ⅲ级海域。其中，海洋生态红线区内Ⅰ级海域面积 166850hm^2，占比 12%；Ⅱ级海域面积 357032hm^2，占比 27%；Ⅲ级海域面积 823547hm^2，占比 61%。总体上，推荐定级方案基本能反映海洋生态保护要求，Ⅰ级、Ⅱ级海域面积占生态红线区面积的近 40%，Ⅰ级、Ⅱ级海域主要分布在近海区，通过提高级别来达到生态环境管控的目的。而外海区域主要用海类型是开放式用海，对海洋生态环境影响较小，Ⅲ级海域符合外海保护与利用的定位。

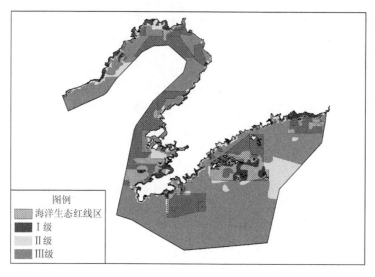

图5.61　辽宁省海域定级推荐方案与海洋生态红线区叠加图

2. 与海洋功能区划空间符合性分析

海洋功能区划是根据海域的地理位置、自然资源状况、自然环境条件和社会需求等因素而划分的不同的海洋功能类型区，用来指导、约束海洋开发利用实践活动，保证海上开发的经济、环境和社会效益。同时，海洋功能区划又是海洋管理的基础。

我国海洋功能区划的范围包括我国管辖的内水、领海、毗邻区、专属经济区、大陆架及其他海域。我国全部管辖海域划分为农渔业、港口航运、工业与城镇用海、矿产与能源、旅游休闲娱乐、海洋保护、特殊利用、保留八类海洋功能区。

推荐方案与海洋功能区划的空间格局完全不同，原因在于两种海域划分方式的技术路线不同。海洋功能区划以指导、约束海洋开发利用为主要目的，而海域定级更多为了优化海域资源配置。但是，两种方式划定的海域在管理作用上又是相辅相成的，对海洋功能区内海域资源进行分级管理。辽宁省海域定级推荐方案与海洋功能区划叠加如图5.62所示。

5.2.9　方案确定及统计分析

通过方案比选，最终采用3级划分方案作为推荐方案。3级划分方案海域资源分配程度适宜，实现了沿海海域普遍为Ⅰ级海域、近岸海域为Ⅱ级海域、外海海域为Ⅲ级海域的资源分配梯度，资源分配更加充分；空间分布格局具有科学性，表现出沿海海域、近岸海域和外海海域空间分布格局，既保持了用海多样性选择，又避免了在用海单一海区的景观破碎化；海湾、河口、滨海湿地、海岛等典型海洋生态系统一般处于Ⅰ级、Ⅱ级高级别海域，符合海洋生态环境保护要求；充分考虑了辽宁省海洋重大发展战略，保障了各重点湾区发展空间，实现了湾区保护与利用并行，细化了湾区资源空间；为重点新能源发展项目预留了发展空间。

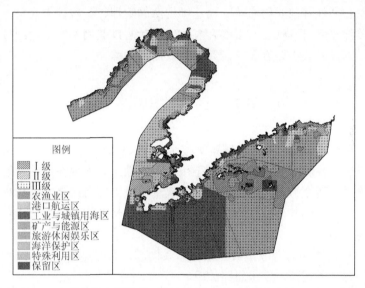

图 5.62　辽宁省海域定级推荐方案与海洋功能区划叠加图（见书后彩图）

推荐方案定级类型包括 A、B、C、E、F 类用海，不包括 D 类用海。Ⅰ级海域面积为 267603hm^2，占比为 6%；Ⅱ级海域面积为 683449hm^2，占比为 17%；Ⅲ级海域面积为 3179497hm^2，占比为 77%。

需要指出的是，本书以技术研究为目的，研究成果有待打磨和斟酌，不能作为实际管理依据。作者在此提出一个观点：省（自治区、直辖市）级海域定级多宏观指导海域资源分配，为大尺度综合评价。若开展小尺度（如县级）海域定级，应继承省（自治区、直辖市）级海域定级成果。在省（自治区、直辖市）级海域定级成果基础上，以地方主要海洋产业空间符合性分析为主要定级要素，进行级别细化。因此，县（区、市）级海域定级需要解决的关键问题包括两个方面：一是县（区、市）主要海洋产业或支撑产业识别和技术方法；二是县（区、市）海洋生态环境管控要求。这方面的内容将在以下章节中具体介绍。

第6章　地市级 D 类用海海域定级技术方法与实践

D 类用海主要反映渔业用海特征，包括围海养殖用海、开放式养殖用海、其他围海用海和其他开放式用海等。而这类用海的管理权一般由省（自治区、直辖市）级海洋管理部门下放至地级市。本章对地市级 D 类用海海域定级技术方法进行叙述，以为日后关于这方面的研究和实践提供参考。

6.1　定　级　思　路

D 类用海海域定级应在《海域定级技术指引（试行）》的整体技术体系下，突出养殖用海适宜性和规划协调性。养殖用海适宜性主要表现在海域自然条件和海洋生态环境质量两个方面，在指标筛选和权重设置上应有所考虑。规划协调性则是在科学客观评价的基础上，充分考虑与海水养殖相关规划的协调作用，避免出现管理上的矛盾。

本书提出 D 类用海海域定级在指标体系构建方面可有所突破，技术路线可与其他 5 类用海有所调整。定级思路如下。

以地级市管辖海域为定级（评价）范围，构建海域自然条件和海洋生态质量为因素的指标体系，建立与海水养殖相关规划的协调机制。适宜性高、协调性好的区域定为高级别海域，反之则为低级别海域。同时，养殖用海同质化现象明显，同一特征相邻海域无明显差异区分。因此，作者认为，一般情况下 D 类用海海域定级数量以 3 级为宜。

下面以锦州市海域为例具体说明。

6.2　技　术　路　线

D 类用海海域定级整体技术路线是在其他 5 类海域定级基础之上进行的部分调整。

（1）定级（评价）范围。与地级市管辖海域一致，一般情况下与海洋功能区划范围一致。

（2）评价单元。分析发现，D 类用海在空间分布上近岸海域与外海海域差异不大,只在用海方式上有所差异,近岸一般分布围海,外海一般以开放式居多。因此,D 类用海评价单元采用 2km×2km 均匀网格划分方式。

(3)评价因素。采用海域自然条件和海洋生态质量两个因素的评价指标体系。

(4)评价因子。海域自然条件包括海水质量指数、水深指数和底质质量指数;海洋生态环境质量包括叶绿素 a 浓度、浮游植物多样性指数、浮游动物多样性指数和底栖生物多样性指数。

(5)数据标准化。采用极值标准化和极值对数标准化两种方法。

(6)综合评价。各评价单元通过计算得到综合评价指数。

(7)协调性分析。进行单元综合指数与养殖用海规划的耦合分析,以此判断单元与规划的协调性。一般耦合度越高,两者的协调性越好。

(8)方案修正。以协调性分析结果为依据,进行方案修正。这部分工作需要人工干预。

(9)确定方案。

锦州市 D 类用海海域定级技术路线如图 6.1 所示。

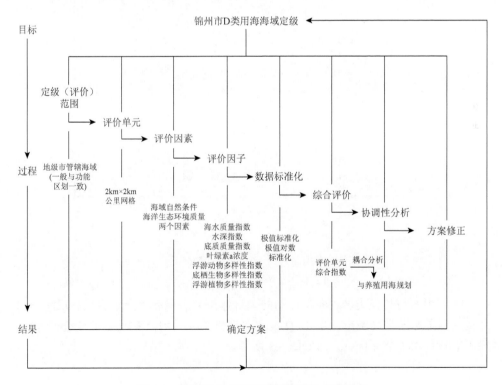

图 6.1　锦州市 D 类用海海域定级技术路线图

6.3　海域定级范围

锦州市海域面积为 118500hm², 主要分布在大、小凌河口, 部分区域经围海形成养殖池塘。水深 0~2m 海域面积 41300hm², 水深 2~5m 海域面积 56600hm², 水深 5~10m 海域面积 20600hm²。锦州市海域范围内共有岛礁 16 个, 均属无居民海岛, 已开发利用的海岛为大笔架山岛和小笔架山岛。

锦州市自然岸线长 14km, 占锦州市大陆岸线总长的 11%。锦州市河口岸线总长 1km, 占锦州市大陆岸线总长的 1%, 锦州市人工岸线总长 109km, 占锦州市大陆岸线总长的 88%。

锦州市 D 类用海海域定级范围与功能区划一致 (图 6.2)。

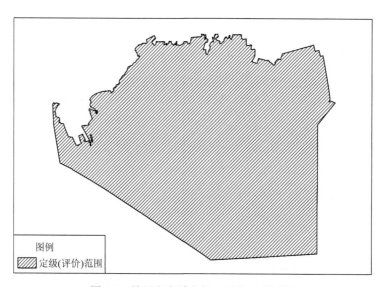

图 6.2　锦州市海域定级 (评价) 范围图

6.4　评　价　单　元

D 类用海与其他类型用海特征不同, 近岸与外海用海差异不明显, 用海驱动因素主要是海洋生境质量。因此, D 类用海评价单元采用全海域 2km×2km 网格。锦州市共有 383 个评价单元, 如图 6.3 所示。

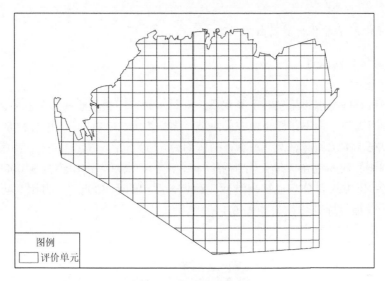

图 6.3　锦州市海域评价单元图

6.5　锦州市 D 类用海海域定级

6.5.1　海域资源综合评价

1. 指标筛选及权重设置

本次定级以《海域定级技术指引（试行）》为依据，在此基础上有所调整。建立了以海域自然条件和海洋生态环境质量为因素的指标体系。

最终筛选的评价因子包括海水质量指数、底质质量指数、水深指数、浮游植物多样性指数、浮游动物多样性指数、底栖生物多样性指数和叶绿素 a 浓度，共计 7 个评价因子（表 6.1）。

表 6.1　D 类用海定级指标权重信息表

序号	定级因素	一级权重	评价因子	二级权重
1			海水质量指数	0.15
2	海域自然条件	0.60	底质质量指数	0.15
3			水深指数	0.30
4			浮游植物多样性指数	0.10
5	海洋生态环境质量	0.40	浮游动物多样性指数	0.10
6			底栖生物多样性指数	0.10
7			叶绿素 a 浓度	0.10

2. 评价因子量化计算及标准化

1）海域自然条件

（1）海水质量指数。

锦州市海域海水质量包括Ⅰ类水质、Ⅱ类水质、Ⅲ类水质和Ⅳ类水质。Ⅰ类水质以小凌河为界，集中在锦州市中部海域，面积约为33000hm²，占比27.8%；Ⅱ类水质分布在Ⅰ类水质区域两侧海域，面积约为54000hm²，占比45.6%；Ⅲ类水质分布在锦州湾、锦州港至大笔架山旅游区和大凌河口海域，面积约为31000hm²，占比26.2%；Ⅳ类水质分布在锦州港西侧海域，面积约为500hm²，占比0.4%。锦州市海水质量指数标准化结果如图6.4所示。

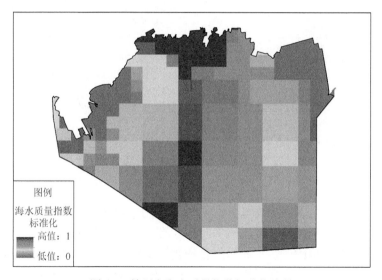

图6.4　锦州市海水质量指数标准化结果

（2）底质质量指数。

锦州市海域底质类型包括粉砂、粉砂质砂、黏土质粉砂、砂质粉砂和细砂。粉砂分布海域面积约为59500hm²，粉砂质砂约为6900hm²，黏土质粉砂约为14300hm²，砂质粉砂约为10300hm²，细砂约为27500hm²。总体来看，锦州市海域底质类型粒径普遍较小，细砂和泥质底质较为普遍，为海洋生物创造了比较好的生存环境。锦州市海域底质质量指数标准化结果如图6.5所示。

（3）水深指数。

锦州市海域水深较浅，在10m以内，适合海水养殖产业发展。通过数据分析发现，近岸2m以内水深主要为围海养殖，2～10m水深海域以开放式养殖为主。

由于城市定位不同，锦州市海水养殖集中在凌海市，滨海经济开发区几乎没有海水养殖用海。锦州市海域水深指数标准化结果如图 6.6 所示。

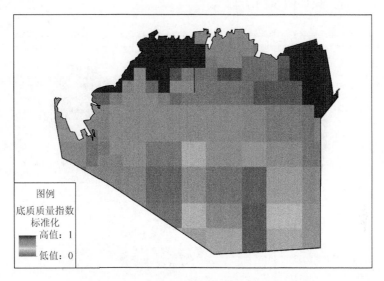

图 6.5　锦州市海域底质质量指数标准化结果

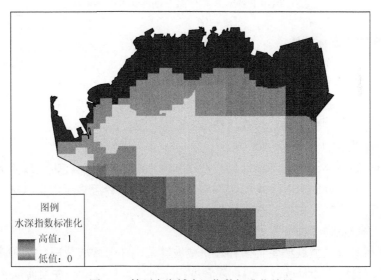

图 6.6　锦州市海域水深指数标准化结果

（4）海域自然条件评价。

评价结果显示，锦州市海域自然条件值域范围在 0.0960469～0.5953360，差异比较明显。高值区集中在小凌河入海口附件海域离岸约 2km 处，逐渐向东、西两侧的近岸海域呈梯度减小，平均离岸距离约为 10km；然后，向南逐步减小。总体上，锦州市海域海洋自然条件呈现出北高南低的趋势。锦州市海域 D 类用海海域自然条件评价结果如图 6.7 所示。

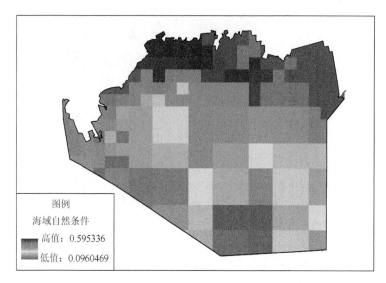

图 6.7　锦州市海域 D 类用海海域自然条件评价结果

2）海洋生态环境质量

（1）浮游植物多样性指数。

锦州市海域浮游植物多样性指数波动范围为 0.01～1.90，综合性指数分析表明，调查海域浮游植物多样性低，群落结构较差，海域环境处于污染状态。锦州市海域浮游植物多样性指数标准化结果如图 6.8 所示。

（2）浮游动物多样性指数。

锦州市海域浮游动物多样性指数波动范围在 0.06～0.68，表明调查海域浮游动物多样性低，种间分布不均匀，群落结构差，海域环境处于污染状态。锦州市海域浮游动物多样性指数标准化结果如图 6.9 所示。

（3）底栖生物多样性指数。

锦州市海域大型底栖生物多样性指数波动范围在 1.59～3.65：物种多样性指数大于 3，属较清洁海域；2～3，属轻度污染海域；1～2，属中度污染海域。综合性指数分析表明，锦州市海域大型底栖生物群落结构良好。锦州市海域底栖生物多样性指数标准化结果如图 6.10 所示。

（4）叶绿素 a 浓度。

锦州市海域叶绿素 a 浓度范围为 1.34～38.05μg/L。高值区出现在锦州港外海海域，最大值也出现在该海域，其他海域一般在 1.34～5.09μg/L。锦州市海域叶绿素 a 浓度标准化结果如图 6.11 所示。

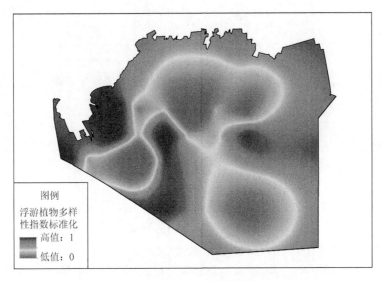

图 6.8　锦州市海域浮游植物多样性指数标准化结果

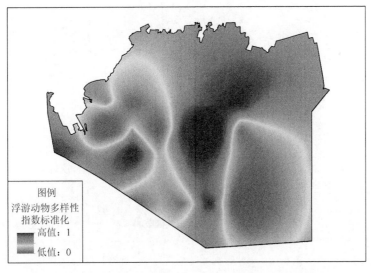

图 6.9　锦州市海域浮游动物多样性指数标准化结果

（5）海洋生态环境质量评价。

锦州市海域海洋生态环境质量指数显示，整体上呈现近岸高于外海的趋势，值域范围在 0.08～0.29。最高值区出现在大笔架山周边海域，其他高值集中在锦州湾及锦州市海域中心位置。锦州市海域海洋生态环境质量评价结果如图 6.12 所示。

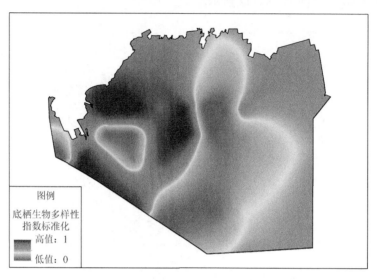

图 6.10 锦州市海域底栖生物多样性指数标准化结果

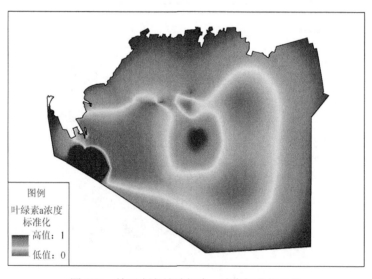

图 6.11 锦州市海域叶绿素 a 浓度标准化结果

6.5.2 养殖适宜性评价

养殖适宜性基于海域自然条件和海洋生态环境质量的综合评价结果,以自然特征的优劣程度来评价 D 类用海的养殖适宜性。但由于城市定位不同,养殖用海现状分布不一定完全按照自然特征分布。若单纯以养殖适宜性来确定海域级别，即适宜性较强的海域确定为高级，较弱海域定为低级，这很有可能不符合地方的实际发展需求，这就是要进行与养殖用海规划协调性分析的原因。锦州市海域养殖适宜性评价结果如图 6.13 所示。

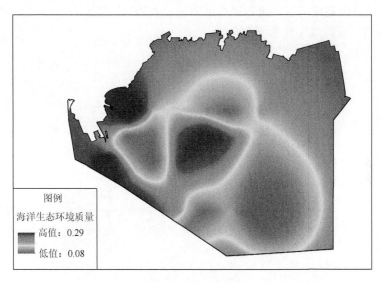

图 6.12　锦州市海域海洋生态环境质量评价结果

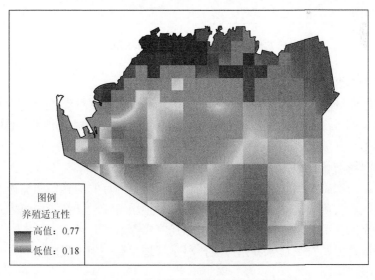

图 6.13　锦州市海域养殖适宜性评价结果

6.5.3　养殖用海规划

由于未获取锦州市海域养殖用海规划数据，作者利用遥感影像和现有数据综合分析，最终划定禁养区、限养区和适养区三类海域（图 6.14），以此作为养殖用海规划结果，该结果不作为管理依据。

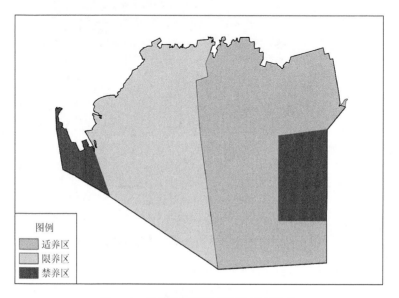

图 6.14　锦州市海域养殖用海规划结果

两个禁养区：锦州港海域和海洋保护区。

一个限养区：位于滨海经济开发区，该海域主要发展滨海旅游和沿海工业。

一个适养区：位于凌海市，该海域以海水养殖产业为主要产业，养殖方式分为围海养殖和开放式养殖。

三类海域的管控措施如下。

禁养区：实施严格管控措施，禁止一切以营利为目的的养殖和捕捞活动。

限养区：实施分类管控措施，禁止围海养殖用海活动，在不影响本海区内支柱产业发展的情况下，经论证后，可进行开放式养殖用海活动。

适养区：鼓励发展海水养殖产业，科学规划用海空间，保障养殖产业可持续高质量发展。

6.5.4　协调性分析

前文提到进行评价单元综合指数与养殖用海规划的耦合分析，以此判断单元与规划的协调性。一般耦合度越高，两者的协调性越好。本节以锦州市为例来具体说明。分析模型如下：

$$M_i = \frac{\min|x_0(i) - x_1(i)| + a \cdot \max|x_0(i) - x_1(i)|}{|x_0(i) - x_1(i)| + a \cdot \max|x_0(i) - x_1(i)|} \tag{6.1}$$

式中，$x_0(i)$为评价单元标准值，即规划目标值；$x_1(i)$为评价单元综合指数值；M_i为评价单元的耦合度，M_i值越大，耦合度越高，协调性越好；$i = 1, 2, 3, \cdots$；a为分辨系数，一般取值 0.5。

依据养殖用海规划对各类分区的管控措施，设定不同类型的目标值作为评价单元的标准值，禁养区为 0.0，限养区为 0.5，适养区为 1.0。

利用式（6.1）得出以下结果。数据显示，锦州市海域 383 个评价单元的耦合度在 0.3~1.0（图 6.15）。将阈值在[0.3, 0.6]定义为低水平耦合，(0.6, 1.0]定义为协调型耦合。锦州市海域低水平耦合单元有 159 个，主要分布在凌海市南部和锦州港海域；其他海域为协调型耦合单元，共 224 个（图 6.16）。

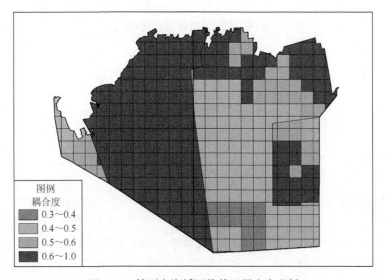

图例
耦合度
0.3~0.4
0.4~0.5
0.5~0.6
0.6~1.0

图 6.15　锦州市海域评价单元耦合度分析

分析发现，锦州市海域出现低水平耦合的现象由两种情况导致：一是养殖适宜性高，管理适宜性低；二是养殖适宜性较低，管理适宜性高。主要体现在海湾、保护区海域一般养殖条件较好，但在管理上，这类海域是严格管控的。还有地方为鼓励用海活动向外海和养殖条件较差的海域推动，政策上会有所倾斜。这在一定程度上体现了养殖用海规划的指导意义，这部分海域应适当降低海域级别来鼓励海水养殖产业的发展。而协调型耦合单元正向说明了养殖用海规划功能区与养殖适宜性相协调，应保持单元现状。海域级别调整标准如表 6.2 所示。

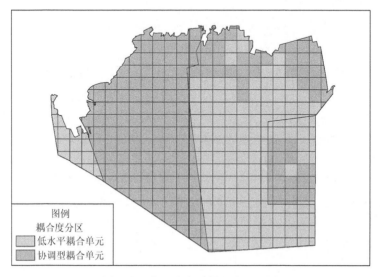

图 6.16　锦州市海域耦合度分区图

表 6.2　海域级别调整标准

耦合类型	是否调整	标准	调整方向
低水平耦合	是	养殖适宜性高，管理适宜性低	调高或保持不变
		养殖适宜性较低，管理适宜性高	调低
协调型耦合	否	—	—

6.5.5　方案修正

基于以上分析结果，锦州市海域需要调整的单元共 79 个，调整方向为"调低"，分布在大凌河外海海域。最终方案以养殖适宜性评价结果为依据，对低水平耦合单元进行修正后，划定锦州市 D 类海域级别。

锦州市海域 D 类用海划为 3 级，养殖适宜性值域范围在 0～0.77，将值域为 0.5～0.77 的评价单元划定为 I 级海域，0.3～0.5 的评价单元划定为 II 级海域，0～0.3 的评价单元划定为III级海域。锦州市海域 D 类用海定级方案如图 6.17 所示。

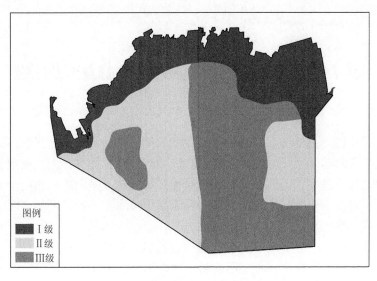

图 6.17　锦州市海域 D 类用海定级方案

第7章　县级海域定级技术方法与实践

第5章指出，县（区、市）级海域定级应继承省（自治区、直辖市）级海域定级成果，在此基础上，以地方主要海洋产业规划符合性分析为主要定级要素，进行级别细化。县（区、市）级海域定级需要解决的关键问题包括两个方面：一是县（区、市）主要海洋产业或支撑产业识别和技术方法；二是县（区、市）海洋生态环境管控要求。

需要说明的是，由于 D 类用海与省（自治区、直辖市）级和县（区、市）级海域定级技术体系不同，本章介绍的县（区、市）级海域定级不包括 D 类用海。

本章以辽宁省盘锦市大洼区为例详细论述县（区、市）级海域定级技术方法。

7.1　基　本　情　况

7.1.1　辽宁省海域定级成果（以大洼区为例）

大洼区海域面积约为 71200hm^2，Ⅰ级海域面积约为 200hm^2，占盘锦市Ⅰ级海域面积的 6%；Ⅱ级海域面积约为 3000hm^2，占盘锦市Ⅱ级海域面积的 25%；Ⅲ级海域面积约为 68000hm^2，占盘锦市Ⅲ级海域面积的 49%。

大洼区海域Ⅰ级、Ⅱ级、Ⅲ级海域的结构比例分别为 0.3%、4.2%、95.5%（图 7.1）。

7.1.2　经济及产业概况

大洼区隶属于辽宁省盘锦市，位于辽宁省西南部，大辽河及双台子河（辽河）下游的入海口、辽东湾的东北岸。2018 年，大洼区地区生产总值实现 137.5 亿元；一般公共预算收入实现 12.2 亿元；规模以上工业增加值实现 17.6 亿元；固定资产投资实现 43.5 亿元；社会消费品零售总额实现 68.2 亿元；城镇居民人均可支配收入实现 21000 元；化解各类债务 23 亿元。

大洼区主要支柱产业有两个：一是以辽河油田为核心的石化产业，形成了石油及精细化工、能源装备制造等产业体系；二是围绕盘锦港形成以港口物流为核心，融商流、资金流、信息流为一体，港产城联动发展的多功能、现代化的综合

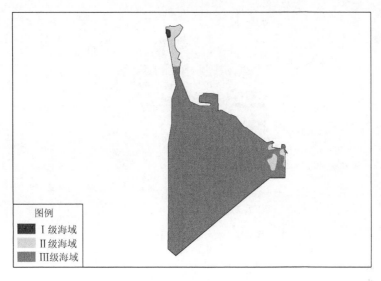

图 7.1　辽宁省定级成果（大洼区部分）

性港口。同时，盘锦港以服务石油化工、散杂货运输等为主，积极发展集装箱、滚装汽车等货类运输和物流、加工、商贸、保税以及船舶修造和海上石油开发服务等相关功能。

7.2　主要海洋产业识别

7.2.1　岸线及海域使用现状结构分析

1. 岸线利用情况

大洼区海岸线西起辽河口，东止大辽河口，全长约 78km。岸线利用类型较为多样，包括渔业岸线、工业岸线、交通运输岸线、造地工程岸线、旅游娱乐岸线、特殊岸线、其他岸线和未利用岸线。交通运输岸线利用长度为 26km，比例达 33%，主要为盘锦港所用。旅游娱乐岸线利用比例也比较高，达 24%，长度约为 19km，主要位于辽河入海口东岸。其次是特殊岸线和工业岸线，比例分别为 13%和 12%。特殊岸线为保护区所占用岸线，长度约为 10km，位于辽河口北段。工业岸线位于盘锦港，长度约为 9km。

另外，渔业岸线、造地工程岸线、其他岸线和未利用岸线利用比例均在 10%以下。其中，渔业岸线比例最高，约为 8%，被二界沟渔港使用。利用比例最低的岸线类型为未利用岸线，仅为 1%，长度为 1km，位于大辽河口西岸。大洼区岸线利用结构及利用情况分别如图 7.2 和图 7.3 所示。

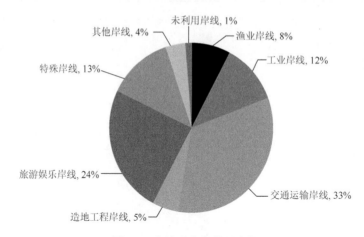

图 7.2　大洼区岸线利用结构

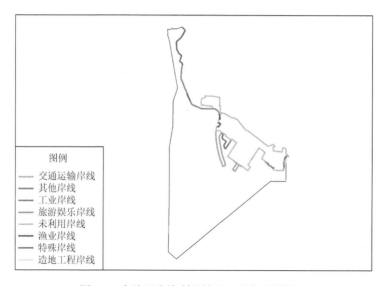

图 7.3　大洼区岸线利用情况（见书后彩图）

2. 海域利用情况

本节利用遥感影像，结合已有数据初步统计大洼区海域利用类型，包括保护区、养殖用海、渔港、工业用海、港口用海和城镇建设用海，占用海域面积 39200hm²，占大洼区海域面积的 55%。其中，养殖用海占用海域约 22500hm²，比例约为 57%；工业用海占用面积为 5300hm²，占比 14%；渔港占用面积约为 1300hm²，占比 3%；城镇建设用海面积为 4600hm²，占比 12%；港口用海占用海域面积为 4000hm²，占比 10%；保护区占用海域面积 1500hm²，占比 4%。

通过大洼区海域利用结构（图 7.4）可以看出，养殖用海和城镇建设用海及依托港口的工业用海利用比例较高。大洼区海域利用情况如图 7.5 所示。

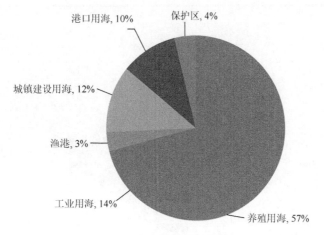

图 7.4　大洼区海域利用结构

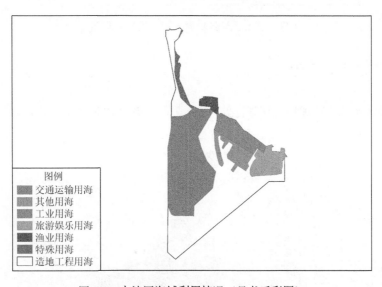

图 7.5　大洼区海域利用情况（见书后彩图）

7.2.2　海洋功能区划

大洼区海域共有 14 个功能区，包括 1 个海洋保护区、3 个养殖区、1 个渔业基础设施区、1 个工业与城镇用海区、2 个油气区、1 个水产种质资源保护区、1 个港口区、1 个航道区、1 个锚地区、2 个保留区。

从海洋功能区划的空间分布可以看出，大洼区海域主要用海导向为海水养殖业、港口建设、工业建设和油气开采等。大洼区海洋功能区划如图 7.6 所示。

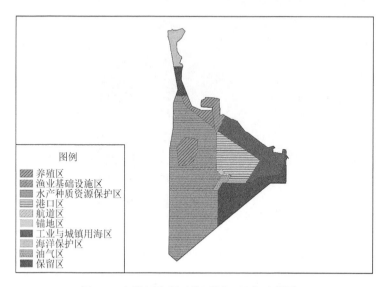

图 7.6　大洼区海洋功能区划（见书后彩图）

7.2.3　养殖用海规划

大洼区海域养殖规划包括禁止养殖区、限制养殖区和养殖区 3 类分区（图 7.7）。

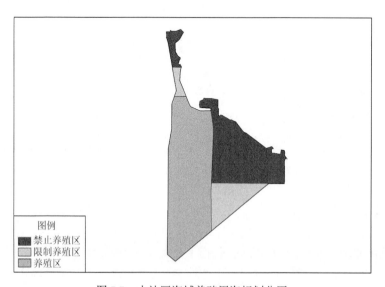

图 7.7　大洼区海域养殖用海规划分区

1. 禁止养殖区

禁止养殖区指禁止开展一切水产养殖活动的区域。
（1）禁止在重点生态功能区开展水产养殖；
（2）禁止在公共设施安全区域开展水产养殖；
（3）禁止在有毒有害物质超过规定标准的水体开展水产养殖；
（4）法律法规规定的其他禁止水产养殖的区域。

2. 限制养殖区

限制养殖区指限制开展水产养殖活动的区域。
（1）限制在生态功能区开展水产养殖活动，应采取污染防治措施，污染物排放不得超过国家和地方规定的污染物排放标准。
（2）限制在重点湖泊、水库及近岸海域公共自然水域开展围栏网箱养殖；各地应根据养殖水域滩涂生态保护实际需要确定重点湖泊、水库及近岸海域，确定不高于农业部门设定的本地区可养比例。
（3）法律法规规定的其他限制养殖区。

3. 养殖区

养殖区指允许在其规定范围内进行水产养殖活动的区域。
海水养殖区包括海上养殖区、滩涂及陆地养殖区。海上养殖包括近岸网箱养殖、深水网箱养殖、吊笼（筏式）养殖和底播养殖等。滩涂及陆地养殖包括池塘养殖、工厂化等设施养殖和潮间带养殖等。

7.2.4　城市总体规划

发挥大洼区资源独有优势，以打造东北地区先进制造业基地为目标，强化产业链分工布局，形成以港口为核心的高新技术产业集群。大洼区沿海城市空间分布如图 7.8 所示。

1. 土地划分

土地划分为四类：禁建区、限建区、适建区和已建区（图 7.9）。
1）禁建区
以用地适宜性评价确定的"不适宜建设用地"为基础，增加生态敏感要素主要地震活动断裂带、政策性保护区（基本农田等）、生态廊道及其他规划中判定不可建设的地区。其中，禁建区存在非常严格的生态制约条件，是应予以严格避让的地区，禁止城乡建设进入，可以开展生态建设、生态恢复等建设工程。

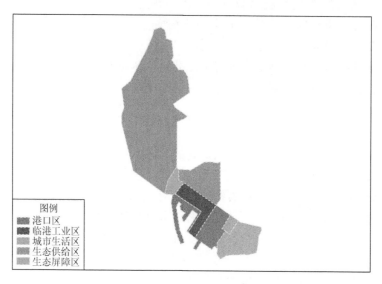

图 7.8　大洼区沿海城市空间分布（见书后彩图）

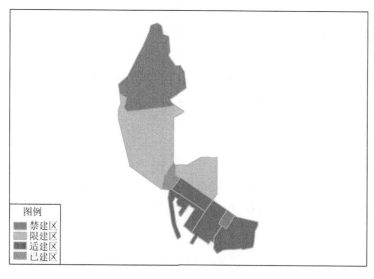

图 7.9　大洼区沿海城市规划管控分区（见书后彩图）

管控要求：作为保障城市生态安全的重要地带及生态建设的首选地，原则上禁止任何建设，不同区域应严格遵守国家、省、市有关法律、法规和规章。

2）限建区

以用地适宜性评价确定的"较不适宜建设用地、较适宜建设用地"为基础，限建区存在较为严格的生态制约条件，对城市建设的用地规模、用地类型、建设强度以及有关的城市活动、行为等方面分别设定限制条件。限建区中已确定为禁建区的予以扣除。

管控要求：原则上保护优先、限制开发，严格执行限制建设条件，应科学确定开发模式、项目性质和规模及强度，制定相应的生态补偿措施，并依据限制型要素的不同严格遵守国家、省、市及相关的法律、法规和规章。

3）适建区

以用地适宜性评价确定的"中等适宜建设用地、适宜建设用地"为基础，扣除生态用地和规划中其他划定为不可建设的地区。

管控要求：适建区是城市发展优先选择的地区，但仍需根据环境与资源禀赋条件，合理确定开发模式、规模和强度。明确划定规划建设用地范围，加强城市规划和城镇规划的执行力度，各级城镇的规划建设必须严格控制在城镇建设区范围之内，严格控制用地规模，高效集约利用土地，根据资源条件和环境容量，科学合理地确定开发模式和开发强度。

4）已建区

已经开发建设的地区。

管控要求：已建区实施有机更新，逐步完善开放空间系统、公益性公共服务设施和基础设施，提倡公交优先的交通政策。

2.　空间结构

形成"一核、两轴、两带、三区"的整体空间结构，体现"海、河、城、岛"一体的滨海生态城市特色。

"一核"：辽东湾新区起步区（重点建设区）中央核心服务区。

"两轴"：东西向城市发展轴，南北向城市功能轴。

"两带"：大辽河入海口及海滨沿线滨水景观带，中部的绿化隔离带。

"三区"：港口区、西扩工业区、辽滨新城。

3.　功能分区

规划区划分为四个功能分区，分别为生态安全区、港口区、西扩工业区和辽滨新城。大洼区沿海城市规划定位分区如图 7.10 所示。

1）生态安全区

生态安全区以重要生态系统的生态安全为目标，包括自然保护区及其周边缓冲区范围。

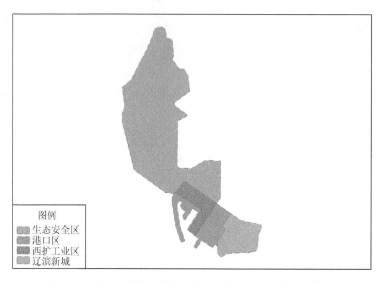

图 7.10　大洼区沿海城市规划定位分区（见书后彩图）

2）港口区

港口区由原岸线向海侧伸出东防波堤和西防波堤环抱形成，由引堤为界划分为东作业区和西作业区。东作业区由四个港池和四个突堤组成。西作业区主要为海洋工程装备园区的配套码头作业区和预留发展区。

3）西扩工业区

西扩工业区主要由石油化工园区和石油装备园区两大功能组成。

4）辽滨新城

辽滨新城主要由产业配套生活区、滨水生态住区和商服文化核心区三大功能分区组成。

7.2.5　大洼区主要海洋产业

主要海洋产业识别的方法考虑以下几个要素。

（1）海域及岸线使用结构。一般情况下，海域及岸线使用的比例结构可以反映该区域的主要海洋产业。

（2）海洋功能区划空间分布格局。海洋功能区划指导海洋产业发展的空间分区，其空间分布格局能清晰反映该区划的海洋产业布局。

（3）城市总体规划情况。城市总体规划可以充分反映该区域的产业空间布局及涉海产业情况。

基于以上参考因素和上文的描述，最终识别出大洼区主要海洋产业包括港口建设、以港口为核心的石化产业、滨海城镇建设和海洋渔业。因此，海域定级应为主要海洋产业预留发展空间，适当配置资源，保障产业升级和产业链建设。

7.3 生态环境管控要求

大洼区应以生态系统健康为目标，加强流域综合治理和主要入境河流上游流域的生态环境建设；有效保护重要生态环境、河流水库、水源地、苇地等重要生态系统；协调海洋资源综合开发，大力保护海洋及滨海生态环境，改善海域环境质量，促进海洋资源开发、海洋及滨海生态环境保护与社会经济的协调发展；形成自然生态环境与人居环境和谐发展的格局，重要生态系统得到有效保护，局部生态环境恶化的趋势得到遏制，水生态环境得到明显改善；建设成为生态环境优良、资源节约高效、环保设施先进完备、人居环境舒适、居民环境意识良好的生态环保、绿色宜居新区。

根据大洼区生态环境管控要求，实施海域定级时应充分考虑建立生态环境保护陆海统筹协调机制。在实现保障资源优化的同时，科学引导，形成"该保护的充分保护，该使用的科学使用"的海洋产业高质量发展资源空间分布布局。

7.4 海 域 定 级

7.4.1 大洼区海域定级结果

通过分析大洼区岸线及海域利用现状，科学判断海洋功能区划、养殖用海规划和城市总体规划空间布局，清晰识别出大洼区海域主要海洋产业为港口建设、以港口为核心的石化产业、滨海城镇建设和海洋渔业，结合生态环境管控要求和城市定位，实施海域级别单元划分。最终，将大洼区海域划分为Ⅰ级、Ⅱ级、Ⅲ级、Ⅳ级、Ⅴ级、Ⅵ级6个级别（图7.11）。详细信息见表7.1。

表 7.1 大洼区海域定级结果信息表

级别	面积/hm²	比例/%	特征
Ⅰ级	6500	9	自然保护区、河口等重点生态系统
Ⅱ级	5700	8	河口沿岸、生态系统缓冲区域、滨海城镇建设区域
Ⅲ级	2100	3	滨海城镇建设区域
Ⅳ级	7700	11	工业聚集区、油气开采区
Ⅴ级	15500	22	港航用海区
Ⅵ级	33700	47	养殖区
合计	71200	100	—

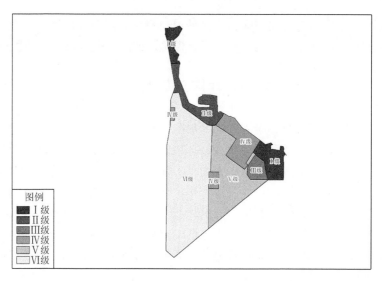

图 7.11　大洼区海域定级结果

　　从各级别海域的特征可以看出，级别划分的主要思路是"保护优先，科学使用"，提高重要生态系统或生态安全保障区的海域级别，适当调整或降低地区主要海洋产业海域级别，为产业升级、产业链布局留有空间。因此，整体定级结果比较符合大洼区的发展需求，基本实现了资源优化配置。但该结果只作为科研成果，不作为管理依据。

7.4.2　大洼区海域定级结果与辽宁省海域定级成果符合性分析

　　由图 7.12 可以看出，大洼区海域定级结果完全是建立在辽宁省海域定级成果基础上的，保持了以下原则。

　　（1）没有突破辽宁省海域定级成果中的高级别要求。辽宁省海域定级成果将辽河口处（自然保护区范围）定级为Ⅰ级和Ⅱ级海域，大洼区海域定级结果在该范围内将Ⅱ级海域调高为Ⅰ级海域，提高该海域的生态环境保护要求；辽宁省海域定级成果将大辽河口处定级为Ⅰ级和Ⅲ级海域，大洼区海域定级结果将Ⅰ级周边海域（原Ⅲ级海域）调高为Ⅰ级海域，同样，提高了该海域的生态环境保护要求。

　　（2）充分分析地方主要海洋产业，保障地方发展现实需求。大洼区海域定级结果将工业聚集区、油气开采区、港航用海区、养殖区均定位为中低级别海域。

　　（3）限制以房地产发展为目的的滨海城镇建设，保障海洋主要产业的发展空间。大洼区海域定级结果将滨海城镇建设区域定为中高级别海域。

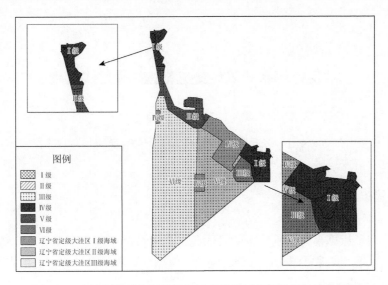

图 7.12　大洼区海域定级结果与辽宁省海域定级结果对比分析图

　　综上所述，大洼区海域定级结果符合辽宁省定级成果级别管理要求，符合地方的产业发展需求。

第8章 海域定级系统建设

8.1 系统建设的目的和原则

8.1.1 建设目的

评价因子计算模型系统建设的目的是提高海域级别划分工作效率，精确计算评价单元价值，实现资源价值分配自动化，保障分析数据及过程数据的高准确性，使评价结果切实可信[50-51]。

8.1.2 建设原则

（1）一致性。确保每个评价因子计算模块的计算公式与《海域定级技术指引（试行）》或划级过程归纳的方法和公式完全一致。

（2）准确性。保障运算结果的准确性，主要体现两点：一是数据读取的准确性；二是输出结果的准确性。

（3）效率性。效率性一般用程序的执行时间和所占用的内存容量来度量。在达到原理要求功能指标的前提下，程序运行所需时间越短和占用存储容量越小，则效率越高。

（4）简单易懂。模块名称易懂、清晰、简单，容易操作。

（5）可扩展性。可实现模块扩展。

8.2 系统建设技术路线

系统主要由三部分组成：客户操作端窗口、评价因子元数据库和结果空间数据库。该系统较为简单，目的比较明确，完全是为海域级别划分工作服务的。因此，本章介绍的重点在于各评价因子计算模型集成方法，不具体介绍系统的组织结构。系统建设主要技术流程如图 8.1 所示。

具体流程是：系统从评价因子元数据库读取待计算评价因子数据，进行暗箱运算后，将运算结果输出并存入结果空间数据库对应的评价因子中，即完成某评价因子在不同评价单元的计算、标准化和分配。依此往复,直到全部评价因子计算完成后,按照权重计算得到海域资源综合评价结果。

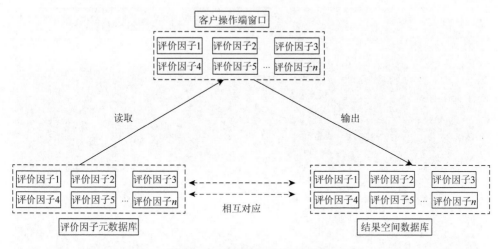

图 8.1　系统建设主要技术流程图

8.3　系统功能介绍

海域级别划分评价因子计算模块界面共有五大部分,包括海洋自然条件、海洋利用程度、海洋区位条件、海洋适宜条件和海域资源综合评价计算(图 8.2 和图 8.3)。

(1)海洋自然条件。该部分共包含 6 个功能模块,分别为海岸质量指数模块、海水质量指数模块、海洋灾害性指数模块、滩涂质量指数模块、水深指数模块和海底质量指数模块。

(2)海洋利用程度。该部分共包含 4 个功能模块,分别为占用海湾指数模块、占用岸线指数模块、岸线稀缺指数模块和海域空间资源指数模块。

(3)海洋区位条件。该部分共包含 8 个功能模块,分别为典型生态区距离指数模块、重要渔业资源区距离指数模块、离岸距离指数模块、城区距离指数模块、滨海旅游区距离指数模块、海洋保护区距离指数模块、海洋经济效益指数模块和人均 GDP 模块。

(4)海洋适宜条件。该部分共包含 15 个功能模块,分别为毗邻相同用地类型土地价格模块、交通条件发达指数模块、初级生产力模块、底栖生物丰富度指数模块、浮游动物均匀度指数模块、浮游植物密度模块、港口吞吐量模块、港区条件指数模块、养殖条件指数模块、叶绿素 a 浓度模块、浮游植物丰度模块、浮游动物生物量模块、底栖动物生物量模块、人均旅游贡献指数模块和旅游区条件指数模块。

图 8.2 系统进入界面

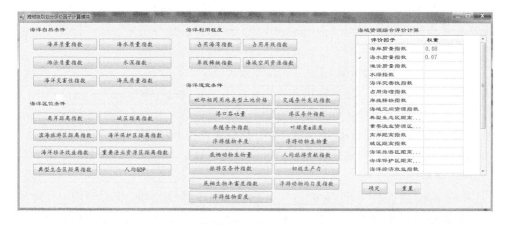

图 8.3 系统功能模块

(5)海域资源综合评价计算。每个评价因子计算完成后,在右侧信息表中会增加一行相应评价因子的数据条，第一栏是评价因子的名称，第二栏是权重。客户手动输入对应评价因子的权重值，点击【确定】按钮后将进行海域资源综合评价计算。点击【重置】按钮则权重值清空，可重新输入。

评价因子计算模型系统功能实现的目的性很强，每个模块只完成一个评价因子的分值计算。前端点击功能按钮后，计算过程由后台完成。结果输出并存储到结果空间数据库。因此，本章不对系统的实现过程进行过多的说明和叙述。

系统的建设大大提高了海域级别划分的计算效率和精度，保障了海域级别划分的科学性和可信度，而且系统成功建设也充分体现了地理空间信息技术在海域级别划分工作中的应用实践。从数据处理、数据分析到二次开发应用，形成了技术的闭合体系。

参 考 文 献

[1] 苗丰民，赵全民. 海域分等定级及价值评估的理论与方法[M]. 北京：海洋出版社，2007.

[2] 曹可，赵全民，蔡悦荫. 海域定级与基准价评估技术研究及辽宁实践[M]. 北京：海洋出版社，2017.

[3] 贺义雄，勾维民. 海洋资源资产价格评估研究[M]. 北京：海洋出版社，2015.

[4] 陈明剑，何国祥. 我国海域分等定级指标体系研究[J]. 海洋学报（中文版），2002（3）：18-27.

[5] 胥宁. 海域分等定级制度浅析[J]. 海洋通报，2003（5）：44-49.

[6] 曹可，李娜. 海域分等定级理论与方法研究[J]. 海洋开发与管理，2003，20（6）：20-23.

[7] 钟太洋，黄贤金，张秀英. 海域使用定级研究综述[J]. 海洋开发与管理，2014，31（5）：1-7.

[8] 张静怡，吴姗姗，赵梦. 海域分等技术体系及方法研究[J]. 海洋开发与管理，2016，33（9）：27-32.

[9] 安德森. 经济地理学[M]. 安虎森，等，译. 北京：中国人民大学出版社，2017.

[10] 巴里·菲尔德，玛莎·菲尔德. 环境经济学[M]. 3 版. 原毅军，陈艳莹，译. 北京：中国财政经济出版社，2006.

[11] 陈雯. 空间均衡的经济学分析[M]. 北京：商务印书馆，2008.

[12] 王利，韩增林. 不同尺度空间发展区划的理论与实证[M]. 北京：科学出版社，2010.

[13] 陈芙蓉. 省际自然资源总丰度评价研究[D]. 北京：中国地质大学，2008.

[14] 张本. 海南省海洋自然资源评价和以海兴琼战略[J]. 海南大学学报（人文社会科学版），1991，4：7-13.

[15] 刘亮，曹东，吴姗姗，等. 海域资源条件对无居民海岛开发的影响评价[J]. 海洋通报，2012，31（1）：26-31，37.

[16] 邓雪，李家铭，曾浩键，等. 层次分析法权重计算方法分析及其应用研究[J]. 数学的实践与认识，2012，7（42）：94-99.

[17] 任光超. 我国海洋资源承载力评价研究[D]. 上海：上海海洋大学，2011.

[18] 任光超，杨德利，管红波，等. 我国沿海省份海洋资源承载力比较分析[J]. 黑龙江农业科学，2011（10）：65-68.

[19] 秦娟. 沿海省市海洋环境承载力测评研究[D]. 青岛：中国海洋大学，2009.

[20] 陈芙蓉. 省际自然资源总丰度评价研究[D]. 北京：中国地质大学，2008.

[21] 刘蕊. 海洋资源承载力指标体系的设计与评价[J]. 广东海洋大学学报，2009，29（5）：6-9.

[22] 薄文广，孙元瑞，左艳，等. 天津市海洋资源承载力定量分析研究[J]. 中国人口·资源与环境，2014，11（24）：407-409.

[23] Thomas A G, James J O, Mark R. A natural resource damage assessment model for coastal and

marine environments[J]. Kluwer Academic Publishers，1988，16（3）：315-321.

[24] 巫振富，朱紫焱. MapGIS 与 ArcGIS 空间分析功能差异研究[J]. 科技信息，2009，29：11-61.

[25] 苗丽娟，王玉广，张永华，等. 海洋生态环境承载力评价指标体系研究[J]. 海洋环境科学，2006，3（25）：76-77.

[26] 汤国安，杨昕. ArcGIS 地理信息系统空间分析实验教程[M]. 2 版. 北京：科学出版社，2012.

[27] de Smith M J，Goodchild M F，Longley P A. 地理空间分析——原理、技术与软件工具[M]. 2 版. 杜培军，张海荣，冷海龙，等，译. 北京：电子工业出版社，2009.

[28] 孙元敏. 南海北部海岛周边海域生态环境质量综合评价[J]. 中国环境科学，2016，36（9）：2874-2880.

[29] 刘爱萍，任秀文，姜国强，等. 大亚湾海域水生态环境质量评价与分析[J]. 中国环境科学，2013（s1）：66-73.

[30] 陈兰，蒋清华，石相阳，等. 北部湾近岸海域环境质量状况、环境问题分析以及环境保护建议[J]. 海洋开发与管理，2016，33（6）：28-32.

[31] 陈朝华，吴海燕，陈克亮，等. 近岸海域生态质量状况综合评价方法——以同安湾为例[J]. 应用生态学报，2011，7（2）：1841-1848.

[32] 吴海燕. 近岸海域生态质量状况综合评价方法及应用研究[D]. 南京：南京大学，2012.

[33] 吴海燕，吴耀建，陈克亮，等. 基于"OOAO 原则"的罗源湾生态质量状况综合评价[J]. 生态学报，2013，33（1）：249-259.

[34] 杨建强，朱永贵，宋文鹏，等. 基于生境质量和生态响应的莱州湾生态环境质量评价[J]. 生态学报，2014，34（1）：105-114.

[35] 赵玲，赵冬至，张丰收. 基于 GIS 的海域环境质量评价模型研究[J]. 遥感技术与应用，1998（3）：62-66.

[36] 刘方，李俊龙，丁页，等. 关于近岸海域生态环境监测技术体系的探讨[J]. 中国环境监测，2017，33（2）：17-22.

[37] 路文海，徐伟，王占坤. 海域定级方法初步研究[J]. 海洋信息，2007（3）：5-9.

[38] 栾维新，李佩瑾. 海域使用分类定级与定价的实证研究[J]. 资源科学，2008（1）：9-17.

[39] 苗丽娟，李淑媛，王玉广. 海域使用分类定级方法初探[J]. 国土资源科技管理，2005（4）：75-77.

[40] 赵建华，赵全民，苗丰民，等. 海域使用分类定级因素及其指标研究[C]//中国海洋学会 2005 年学术年会论文汇编. 2005：433-438.

[41] 中华人民共和国国家质量监督检验检疫总局，中国国家标准化管理委员会. 海域分等定级[S]. GB/T30745—2014.

[42] 路文海，陈戈，金继业. 基于 GIS 的海域定级系统研究[J]. 海洋通报，2007（3）：72-80.

[43] 张艳. 基于 GIS 的城镇土地定级估价模型研究[D]. 西安：长安大学，2003.

[44] 许玲. 基于海洋资源价值评估的围填海管理方法研究[D]. 青岛：中国海洋大学，2014.

[45] 徐智颖，钟太洋，黄毅. 江苏示范区填海造地用海定级研究[J]. 海洋开发与管理，2015，32（5）：37-42.

[46] 李文君，齐连明，徐伟，等. 旅游用海定级因素确定及量化研究[J]. 海洋开发与管理，2005（1）：22-26.

[47] 王静. 我国港口用海基准价格评估方法与实证研究[D]. 杭州：浙江大学，2013.

[48]　张秀英, 钟太洋, 黄贤金, 等. 江苏省海域养殖增殖用海定级研究[J]. 自然资源学报, 2014, 29（9）: 1542-1551.

[49]　黄凤. 广东海水养殖渔业资源的资产化管理研究[D]. 湛江: 广东海洋大学, 2016.

[50]　程敏, 张秀英, 陈书林, 等. 基于 ArcEngine 的海域定级系统的设计与实现[J]. 海洋科学, 2015, 39（6）: 88-93.

[51]　白珏莹. 基于 GIS 和 RS 海域定级空间决策支持系统研究[D]. 徐州: 中国矿业大学, 2016.

附 录 1

财政部 国家海洋局印发《关于调整海域 无居民海岛使用金征收标准》的通知

财综〔2018〕15 号

沿海省、自治区、直辖市、计划单列市财政厅（局）、海洋厅（局）：

根据中共中央、国务院关于生态文明体制改革总体方案和海域、无居民海岛有偿使用意见的要求，财政部、国家海洋局制定了《海域使用金征收标准》和《无居民海岛使用金征收标准》（见附件，以下简称国家标准），现印发你们，请遵照执行。如有问题，请及时告知。现将有关事项通知如下：

一、自本通知施行之日起，征收海域使用金和无居民海岛使用金统一按照国家标准执行。

二、沿海省、自治区、直辖市、计划单列市应根据本地区情况合理划分海域级别，制定不低于国家标准的地方海域使用金征收标准。以申请审批方式出让海域使用权的，执行地方标准；以招标、拍卖、挂牌方式出让海域使用权的，出让底价不得低于按照地方标准计算的海域使用金金额。尚未颁布地方海域使用金征收标准的地区，执行国家标准。养殖用海海域使用金执行地方标准。

地方人民政府管理海域以外的用海项目，执行国家标准，相关等别按照毗邻最近行政区的等别确定。养殖用海的海域使用金征收标准参照毗邻最近行政区的地方标准执行。

三、无居民海岛使用权出让实行最低标准限制制度。无居民海岛使用权出让由国家或省级海洋行政主管部门按照相关程序通过评估提出出让标准，作为无居民海岛市场化出让或申请审批出让的使用金征收依据，出让标准不得低于按照最低标准核算的最低出让标准。

四、本通知施行前已获批准但尚未缴纳海域使用金和无居民海岛使用金的用海、用岛项目，仍执行原海域使用金和无居民海岛使用金征收标准。其中，招标、拍卖、挂牌方式出让的项目批准时间，以政府批复出让方案的时间为准。

五、经批准分期缴纳海域使用金和无居民海岛使用金的用海、用岛项目，在批准的分期缴款时间内，应按照出让合同或分期缴款批复缴纳剩余部分。

六、已获批准按规定逐年缴纳海域使用金的用海项目，项目确权登记时间在通知施行前的，仍执行原海域使用金征收标准，出让合同另有约定的除外，缴款通知书已有规定的从其规定；因海域使用权续期或用海方案调整等需重新报经政府批准的，批准后按照新标准执行。

本通知施行后批准的逐年缴纳海域使用金的用海项目，如海域使用金征收标准调整，调整后第二年起执行新标准。

七、本通知自 2018 年 5 月 1 日起施行。此前财政部、国家海洋局制发的有关规定与本通知规定不一致的，一律以本通知规定为准。地方海域使用金征收标准（含养殖用海征收标准）制定工作，应于 2019 年 4 月底前完成，并报财政部、国家海洋局备案。

八、财政部会同国家海洋局将根据海域、无居民海岛资源环境承载能力和国民经济社会发展情况，综合评估用海用岛需求、海域和无居民海岛使用权价值、生态环境损害成本、社会承受能力等因素的变化，建立价格监测评价机制，对海域、无居民海岛使用金征收标准进行动态调整。

附件：

1. 海域使用金征收标准
2. 无居民海岛使用金征收标准
3. 海域使用金缴款通知书模版

财政部　国家海洋局

2018 年 3 月 13 日

附件 1

海域使用金征收标准

为贯彻落实《生态文明体制改革总体方案》以及《海域、无居民海岛有偿使用的意见》要求，充分发挥海域使用金征收标准经济杠杆的调控作用，提高用海生态门槛，引导海域开发利用布局优化和海洋产业结构调整，根据《中华人民共和国海域使用管理法》、《中华人民共和国预算法》，现对海域使用金征收标准调整如下：

一、海域等别调整

根据沿海地区行政区划变化以及海域资源和生态环境、社会经济发展等情况，全国海域等别调整如下：

海域等别

一等：

上海：宝山区 浦东新区

山东：青岛市（市南区 市北区）

福建：厦门市（思明区 湖里区）

广东：广州市（黄埔区 番禺区 南沙区 增城区）深圳市（福田区 南山区 宝安区 龙岗区 盐田区）

二等：

上海：金山区 奉贤区

天津：滨海新区

辽宁：大连市（中山区 西岗区 沙河口区）

山东：青岛市（黄岛区 崂山区 李沧区 城阳区）

浙江：宁波市江北区 温州市龙湾区

福建：泉州市丰泽区 厦门市（海沧区 集美区）

广东：东莞市 汕头市（龙湖区 金平区 潮阳区）中山市珠海市（香洲区 斗门区 金湾区）

三等：

上海：崇明区

辽宁：大连市甘井子区 营口市鲅鱼圈区

河北：秦皇岛市（海港区 北戴河区）

山东：青岛市即墨区 胶州市 烟台市（芝罘区 福山区 莱山区）龙口市 蓬莱市 威海市 环翠区 荣成市 日照市（东港区 岚山区）

浙江：宁波市（北仑区 镇海区 鄞州区）台州市（椒江区 路桥区）舟山市定海区

福建：福州市马尾区 福清市 厦门市（同安区 翔安区）泉州市（洛江区 泉港区）石狮市 晋江市

广东：汕头市（濠江区 潮南区 澄海区）江门市新会区 湛江市（赤坎区 霞山区 坡头区 麻章区）茂名市电白区 惠州市惠阳区 惠东县

海南：海口市（秀英区 龙华区 美兰区）三亚市（海棠区 吉阳区 天涯区 崖州区）

四等：

辽宁：大连市（旅顺口区 金州区）瓦房店市 长海县 营口市（西市区 老边区）盖州市 葫芦岛市（连山区 龙港区）绥中县 兴城市

河北：秦皇岛市山海关区

山东：烟台市牟平区　莱州市　招远市　海阳市　威海市文登区　乳山市

江苏：连云港市连云区

浙江：慈溪市　余姚市　乐清市　海盐县　平湖市　玉环市　温岭市　舟山市普陀区　嵊泗县

福建：福州市长乐区　惠安县　龙海市　南安市

广东：南澳县　台山市　恩平市　汕尾市城区　阳江市江城区

广西：北海市（海城区　银海区）

海南：儋州市

五等：

辽宁：大连市普兰店区　庄河市　东港市

河北：秦皇岛市抚宁区　唐山市（丰南区　曹妃甸区）深南县　乐亭县　黄骅市

山东：东营市（东营区　河口区）长岛县　莱阳市　潍坊市寒亭区

江苏：南通市通州区　海安县　如东县　启东市　海门市　盐城市大丰区　东台市

浙江：宁波市奉化区　象山县　宁海县　温州市洞头区　瑞安市　岱山县　三门县　临海市

福建：连江县　罗源县　平潭县　莆田市（城厢区　涵江区　荔城区　秀屿区）漳浦县

广东：遂溪县　徐闻县　廉江市　雷州市　吴川市　海丰县　陆丰市　阳东县　阳西县　饶平县　揭阳市榕城区　惠来县

广西：北海市铁山港　防城港市（港口区　防城区）　钦州市钦南区

海南：琼海市　文昌市　万宁市　澄迈县　乐东县　陵水县

六等：

辽宁：锦州市太和区　凌海市　盘锦市大洼区　盘山县

河北：昌黎县　海兴县

山东：东营市垦利区　利津县　广饶县　寿光市　昌邑市　滨州市沾化区　无棣县

江苏：连云港市赣榆区　灌云县　灌南县　盐城市亭湖区　响水县　滨海县　射阳县

浙江：平阳县　苍南县

福建：仙游县　云霄县　诏安县　东山县　宁德市蕉城区　霞浦县　福安市　福鼎市

广西：合浦县　东兴市

海南：三沙市　东方市　临高县　昌江县

二、海域使用金征收标准调整

根据国民经济增长、资源价格变化水平，并考虑海域开发利用的生态环境损害成本和社会承受能力，海域使用金征收标准调整如下：

海域使用金征收标准　　　　（单位：万元/公顷）

用海方式		海域等别	一等	二等	三等	四等	五等	六等	征收方式
填海造地用海	建设填海造地用海	工业、交通运输、渔业基础设施等填海	300	250	190	140	100	60	一次性征收
		城镇建设填海	2700	2300	1900	1400	900	600	
	农业填海造地用海		130	110	90	75	60	45	
构筑物用海	非透水构筑物用海		250	200	150	100	75	50	
	跨海桥梁、海底隧道用海		17.30						
	透水构筑物用海		4.63	3.93	3.23	2.53	1.84	1.16	
围海用海	港池、蓄水用海		1.17	0.93	0.69	0.46	0.32	0.23	
	盐田用海		0.32	0.26	0.20	0.15	0.11	0.08	
	围海养殖用海		由各省（自治区、直辖市）制定						
	围海式游乐场用海		4.76	3.89	3.24	2.67	2.24	1.93	按年度征收
	其他围海用海		1.17	0.93	0.69	0.46	0.32	0.23	
开放式用海	开放式养殖用海		由各省（自治区、直辖市）制定						
	浴场用海		0.65	0.53	0.42	0.31	0.20	0.10	
	开放式游乐场用海		3.26	2.39	1.74	1.17	0.74	0.43	
	专用航道、锚地用海		0.30	0.23	0.17	0.13	0.09	0.05	
	其他开放式用海		0.30	0.23	0.17	0.13	0.09	0.05	
其他用海	人工岛式油气开采用海		13.00						按年度征收
	平台式油气开采用海		6.50						
	海底电缆管道用海		0.70						
	海砂等矿产开采用海		7.30						
	取、排水口用海		1.05						
	污水达标排放用海		1.40						
	温、冷排水用海		1.05						
	倾倒用海		1.40						
	种植用海		0.05						

备注：1. 离大陆岸线最近距离2千米以上且最小水深大于5米（理论最低潮面）的离岸式填海，按照征收标准的80%征收；2. 填海造地用海占用大陆自然岸线的，占用自然岸线的该宗填海按照征收标准的120%征收；3. 建设人工鱼礁的透水构筑物用海，按照征收标准的80%征收；4. 地方人民政府管辖海域以外的项目用海执行国家标准，海域等别按照毗邻最近行政区的等别确定。养殖用海标准按照毗邻最近行政区征收标准征收。

三、用海方式界定

根据海域使用特征及对海域自然属性的影响程度，用海方式界定如下：

用海方式界定

编码		用海方式名称	界定
1		填海造地用海	指筑堤围割海域填成土地，并形成有效岸线的用海
	11	建设填海造地用海	指通过筑堤围割海域，填成建设用地用于工业、交通运输、渔业基础设施、城镇建设等的用海。 工业、交通运输、渔业基础设施等填海是指主导用途用于工业、交通运输、渔业基础设施、旅游娱乐、海底工程、特殊用海等的填海造地用海；城镇建设填海是指除工业、交通运输、渔业基础设施填海以外的其他填海造地用海
	12	农业填海造地用海	指通过筑堤围割海域，填成农用地用于农、林、牧业生产的用海
2		构筑物用海	指采用透水或非透水等方式构筑海上各类设施的用海
	21	非透水构筑物用海	指采用非透水方式构筑不形成有效岸线的码头、突堤、引堤、防波堤、路基、设施基座等构筑物的用海
	22	跨海桥梁、海底隧道用海	指占用海面空间或底土用于建设跨海桥梁、海底隧道、海底仓储等的用海
	23	透水构筑物用海	指采用透水方式构筑码头、平台、海面栈桥、高脚屋、塔架、潜堤、人工鱼礁等构筑物的用海
3		围海用海	指通过筑堤或其他手段，以完全或不完全闭合形式围割海域进行海洋开发活动的用海
	31	港池、蓄水用海	指通过修筑海堤或防浪设施圈围海域，用于港口作业、修造船、蓄水等的用海，含开敞式码头前沿的船舶靠泊和回旋水域
	32	盐田用海	指通过筑堤圈围海域用于盐业生产的用海
	33	围海养殖用海	指通过筑堤圈围海域用于养殖生产的用海
	34	围海式游乐场用海	指通过修筑海堤或防浪设施圈围海域，用于游艇、帆板、冲浪、潜水、水下观光、垂钓等水上娱乐活动的海域
	35	其他围海用海	指上述围海用海以外的围海用海
4		开放式用海	指不进行填海造地、围海或设置构筑物，直接利用海域进行开发活动的用海
	41	开放式养殖用海	指采用筏式、网箱、底播或以人工投苗、自然增殖海洋底栖生物等形式进行增养殖生产的用海
	42	浴场用海	指供游人游泳、嬉水，且无固定设施的用海
	43	开放式游乐场用海	指开展游艇、帆板、冲浪、潜水、水下观光、垂钓等娱乐活动，且无固定设施的用海
	44	专用航道、锚地用海	指供船舶航行、锚泊的用海
	45	其他开放式用海	指上述开放式用海以外的开放式用海

续表

编码		用海方式名称	界定
5		其他用海	指上述用海方式之外的用海
	51	人工岛式油气开采用海	指采用人工岛方式开采油气资源的用海
	52	平台式油气开采用海	指采用固定式平台、移动式平台、浮式储油装置及其他辅助设施开采油气资源的用海
	53	海底电缆管道用海	指铺设海底通信光（电）缆及电力电缆，输水、输气、输油及输送其他物质的管状输送设施的用海
	54	海砂等矿产开采用海	指开采海砂及其他固体矿产资源的用海
	55	取、排水口用海	指抽取或排放海水的用海
	56	污水达标排放用海	指受纳指定达标污水的用海
	57	温、冷排水用海	指受纳温、冷排水的用海
	58	倾倒用海	指向海上倾倒区倾倒废弃物或利用海床在水下堆放疏浚物等的用海
	59	种植用海	指种植芦苇、翅碱蓬、人工防护林、红树林等的用海

附件 2

无居民海岛使用金征收标准

为贯彻落实《生态文明体制改革总体方案》和《海域、无居民海岛有偿使用的意见》，体现政府配置资源的引导作用，进一步发挥海岛有偿使用的经济杠杆作用，国家实行无居民海岛使用金征收标准动态调整机制，全面提升海岛生态保护和资源合理利用水平。根据《中华人民共和国海岛保护法》和《中华人民共和国预算法》，现将无居民海岛使用权出让最低标准调整如下：

一、无居民海岛等别

依据经济社会发展条件差异和无居民海岛分布情况，将无居民海岛划分为六等。

一等：

上海：浦东新区

山东：青岛市（市北区　市南区）

福建：厦门市（湖里区　思明区）

广东：广州市（黄埔区　南沙区）深圳市（宝安区　福田区　龙岗区　南山区　盐田区）

二等：

上海：金山区

天津：滨海新区

辽宁：大连市（沙河口区 西岗区 中山区）

山东：青岛市（城阳区 黄岛区 崂山区）

福建：泉州市丰泽区 厦门市（海沧区 集美区）

广东：东莞市 中山市 珠海市（金湾区 香洲区）

三等：

上海：崇明区

辽宁：大连市甘井子区

山东：即墨市 龙口市 蓬莱市 日照市（东港区 岚山区）荣成市 威海市环翠区 烟台市（莱山区 芝罘区）

浙江：宁波市（北仑区 鄞州区 镇海区） 台州市（椒江区 路桥区）舟山市定海区

福建：福清市 福州市马尾区 晋江市 泉州市泉港区 石狮市 厦门市翔安区

广东：茂名市电白区 惠东县 惠州市惠阳区 汕头市（澄海区 濠江区 潮南区 潮阳区 金平区 龙湖区） 湛江市（赤坎区 麻章区 坡头区）

海南：海口市美兰区 三亚市（吉阳区 崖州区 天涯区 海棠区）

四等：

辽宁：长海县 大连市（金州区 旅顺口区） 瓦房店市 葫芦岛市市辖区 绥中县 兴城市

河北：秦皇岛市山海关区

山东：莱州市 乳山市 威海市文登区 烟台市牟平区 海阳市

江苏：连云港市连云区

浙江：海盐县 平湖市 嵊泗县 温岭市 玉环市 乐清市 舟山市普陀区

福建：福州市长乐区 惠安县 龙海市 南安市

广东：恩平市 南澳县 汕尾市城区 台山市 阳江市江城区

广西：北海市海城区

海南：儋州市

五等：

辽宁：东港市 大连市普兰店区 庄河市

河北：唐山市曹妃甸区 乐亭县

山东：长岛县 东营市（东营区河口区） 莱阳市 潍坊市 寒亭区

江苏：盐城市大丰区 东台市 如东县

浙江：岱山县 温州市洞头区 宁波市奉化区 临海市 宁海县 瑞安市 三门

县 象山县

　　福建：连江县 罗源县 平潭县 莆田市（荔城区 秀屿区） 漳浦县

　　广东：海丰县 惠来县 雷州市 廉江市 陆丰市 饶平县 遂溪县 吴川市 徐闻
县 阳东县 阳西县

　　广西：防城港市（防城区 港口区） 钦州市钦南区

　　海南：澄迈县 琼海市 文昌市 陵水县 乐东县 万宁市

　　六等：

　　辽宁：锦州市（凌海市） 盘锦市（大洼区 盘山县）

　　山东：昌邑市 广饶县 利津县 无棣县

　　江苏：连云港市赣榆区

　　浙江：苍南县 平阳县

　　福建：东山县 福安市 福鼎市 宁德市蕉城区 霞浦县 云霄县 诏安县

　　广西：东兴市 合浦县

　　海南：昌江县 东方市 临高县 三沙市

　　我国管辖的其他区域的海岛

二、无居民海岛用岛类型

　　根据无居民海岛开发利用项目主导功能定位，将用岛类型划分为九类。

类型编码	类型名称	界定
1	旅游娱乐用岛	用于游览、观光、娱乐、康体等旅游娱乐活动及相关设施建设的用岛
2	交通运输用岛	用于港口码头、路桥、隧道、机场等交通运输设施及其附属设施建设的用岛
3	工业仓储用岛	用于工业生产、工业仓储等的用岛，包括船舶工业、电力工业、盐业等
4	渔业用岛	用于渔业生产活动及其附属设施建设的用岛
5	农林牧业用岛	用于农、林、牧业生产活动的用岛
6	可再生能源用岛	用于风能、太阳能、海洋能、温差能等可再生能源设施建设的经营性用岛
7	城乡建设用岛	用于城乡基础设施及配套设施等建设的用岛
8	公共服务用岛	用于科研、教育、监测、观测、助航导航等非经营性和公益性设施建设的用岛
9	国防用岛	用于驻军、军事设施建设、军事生产等国防目的的用岛

三、无居民海岛用岛方式

根据用岛活动对海岛自然岸线、表面积、岛体和植被等的改变程度，将无居民海岛用岛方式划分为六种。

方式编码	方式名称	界定
1	原生利用式	不改变海岛岛体及表面积，保持海岛自然岸线和植被的用岛行为。
2	轻度利用式	造成海岛自然岸线、表面积、岛体和植被等要素发生改变，且变化率最高的指标符合以下任一条件的用岛行为： 1）改变海岛自然岸线属性≤10%； 2）改变海岛表面积≤10%； 3）改变海岛岛体体积≤10%； 4）破坏海岛植被≤10%
3	中度利用式	造成海岛自然岸线、表面积、岛体和植被等要素发生改变，且变化率最高的指标符合以下任一条件的用岛行为： 1）改变海岛自然岸线属性＞10%且＜30%； 2）改变海岛表面积＞10%且＜30%； 3）改变海岛岛体体积＞10%且＜30%； 4）破坏海岛植被＞10%且＜30%
4	重度利用式	造成海岛自然岸线、表面积、岛体和植被等要素发生改变，且变化率最高的指标符合以下任一条件的用岛行为： 1）改变海岛自然岸线属性≥30%且＜65%； 2）改变岛体表面积≥30%且＜65%； 3）改变海岛岛体体积≥30%且＜65%； 4）破坏海岛植被≥30%且＜65%
5	极度利用式	造成海岛自然岸线、表面积、岛体和植被等要素发生改变，且变化率最高的指标符合以下任一条件的用岛行为： 1）改变海岛自然岸线属性≥65%； 2）改变岛体表面积≥65%； 3）改变海岛岛体体积≥65%； 4）破坏海岛植被≥65%
6	填海连岛与造成岛体消失的用岛	

四、无居民海岛使用权出让最低标准

根据各用岛类型的收益情况和用岛方式对海岛生态系统造成的影响，在充分体现国家所有者权益的基础上，将生态环境损害成本纳入价格形成机制，确定无居民海岛使用权出让最低标准。国家每年对无居民海岛使用权出让最低标准进行评估，适时调整。

无居民海岛使用权出让最低标准　　　[单位：万元/(公顷·年)]

等别	用岛方式／用岛类型	原生利用式	轻度利用式	中度利用式	重度利用式	极度利用式	填海连岛与造成岛体消失的用岛
一等	旅游娱乐用岛	0.95	1.91	5.73	12.41	19.09	2455.00 万元/公顷，按用岛面积一次性计征
	交通运输用岛	1.18	2.36	7.07	15.32	23.56	
	工业仓储用岛	1.37	2.75	8.25	17.87	27.49	
	渔业用岛	0.38	0.75	2.26	4.90	7.54	
	农林牧业用岛	0.30	0.60	1.81	3.92	6.03	
	可再生能源用岛	1.04	2.08	6.25	13.54	20.83	
	城乡建设用岛	1.47	2.95	8.84	19.15	29.46	
	公共服务用岛	—	—	—	—	—	
	国防用岛	—	—	—	—	—	
二等	旅游娱乐用岛	0.77	1.54	4.62	10.00	15.38	1976.00 万元/公顷，按用岛面积一次性计征
	交通运输用岛	0.95	1.90	5.69	12.33	18.97	
	工业仓储用岛	1.11	2.21	6.64	14.38	22.13	
	渔业用岛	0.30	0.61	1.83	3.95	6.08	
	农林牧业用岛	0.24	0.49	1.46	3.16	4.87	
	可再生能源用岛	0.84	1.68	5.04	10.91	16.78	
	城乡建设用岛	1.19	2.37	7.11	15.41	23.71	
	公共服务用岛	—	—	—	—	—	
	国防用岛	—	—	—	—	—	
三等	旅游娱乐用岛	0.68	1.37	4.10	8.88	13.66	1729.00 万元/公顷，按用岛面积一次性计征
	交通运输用岛	0.83	1.66	4.98	10.79	16.60	
	工业仓储用岛	0.97	1.94	5.81	12.59	19.36	
	渔业用岛	0.28	0.55	1.65	3.58	5.50	
	农林牧业用岛	0.22	0.44	1.32	2.86	4.40	
	可再生能源用岛	0.75	1.49	4.47	9.69	14.90	
	城乡建设用岛	1.04	2.07	6.22	13.48	20.75	
	公共服务用岛	—	—	—	—	—	
	国防用岛	—	—	—	—	—	
四等	旅游娱乐用岛	0.49	0.98	2.94	6.36	9.79	1248.00 万元/公顷，按用岛面积一次性计征
	交通运输用岛	0.60	1.20	3.59	7.79	11.98	
	工业仓储用岛	0.70	1.40	4.19	9.08	13.98	
	渔业用岛	0.20	0.39	1.17	2.54	3.91	
	农林牧业用岛	0.16	0.31	0.94	2.03	3.13	
	可再生能源用岛	0.53	1.07	3.20	6.94	10.68	
	城乡建设用岛	0.75	1.50	4.49	9.73	14.97	
	公共服务用岛	—	—	—	—	—	
	国防用岛	—	—	—	—	—	

续表

等别	用岛方式 用岛类型	原生利用式	轻度利用式	中度利用式	重度利用式	极度利用式	填海连岛与造成岛体消失的用岛
五等	旅游娱乐用岛	0.42	0.84	2.51	5.45	8.38	1056.00万元/公顷，按用岛面积一次性计征
	交通运输用岛	0.51	1.01	3.04	6.59	10.14	
	工业仓储用岛	0.59	1.18	3.55	7.69	11.83	
	渔业用岛	0.17	0.34	1.02	2.21	3.39	
	农林牧业用岛	0.14	0.27	0.81	1.76	2.71	
	可再生能源用岛	0.46	0.91	2.74	5.94	9.14	
	城乡建设用岛	0.63	1.27	3.80	8.24	12.68	
	公共服务用岛	—	—	—	—	—	
	国防用岛	—	—	—	—	—	
六等	旅游娱乐用岛	0.37	0.75	2.24	4.86	7.48	927.00万元/公顷，按用岛面积一次性计征
	交通运输用岛	0.45	0.89	2.67	5.79	8.90	
	工业仓储用岛	0.52	1.04	3.12	6.75	10.39	
	渔业用岛	0.15	0.31	0.93	2.01	3.09	
	农林牧业用岛	0.12	0.25	0.74	1.61	2.47	
	可再生能源用岛	0.41	0.82	2.45	5.30	8.16	
	城乡建设用岛	0.56	1.11	3.34	7.23	11.13	
	公共服务用岛	—	—	—	—	—	
	国防用岛	—	—	—	—	—	

最低价计算公式为"无居民海岛使用权出让最低价＝无居民海岛使用权出让面积×出让年限×无居民海岛使用权出让最低标准"。

无居民海岛出让前，应确定无居民海岛等别、用岛类型和用岛方式，核算出让最低价，在此基础上对无居民海岛上的珍稀濒危物种、淡水、沙滩等资源价值进行评估，一并形成出让价。出让价作为申请审批出让和市场化出让底价的参考依据，不得低于最低价。

附件3

海域使用金缴款通知书模版

×××项目用海总面积×××公顷，其中×××（用海方式）用海面积×××公顷。海域使用金按×××（文号）规定征收。项目所在海域等别为×××等，征收标准为：×××（用海方式）×××万元/公顷，一次性征收；×××（用海方式）×××万元/公顷，按年度征收。第一年度海域使用金合计为×××万元，其中 30%（×××万元）缴中央国库，70%（×××万元）缴地方国库。自第二年度起，逐年缴纳海域使用金的用海按当年有效的征收标准征收海域使用金。

请你单位与×××海洋厅（局）联系，按要求办理缴款手续，确保海域使用金及时足额缴纳。

附 录 2

附表 2-1 填海造地、非透水构筑物用海调研样表

省（自治区、直辖市）＿＿＿＿＿＿ 县（市、区）＿＿＿＿＿＿

名称	位置		岸线类型	面积/hm²	坡度/(°)	水深/m	土地出让收益					填海成本/万元				基础设施配套		其他/万元
	经度	纬度					土地等级	地价/(元/m²)	有效用地率/%	容积率	收益总额	成本组成	价值	总额	价格/(万元/hm²)	总额/万元	
												围堰疏浚						
												回填平整						
												拆迁补偿						
												渔业资源补偿						
												论证与环评						
												航道环评						
												海域使用金						
												其他						

调查者＿＿＿＿＿＿ 校对者＿＿＿＿＿＿ 审核者＿＿＿＿＿＿ 填表日期＿＿＿＿年＿＿＿月＿＿＿日

附表 2-2　开放式养殖用海调研样表

省（自治区、直辖市）_____　县（市、区）_____

名称	位置		岸线类型	面积/hm²	坡度/(°)	水深/m	养殖收益				养殖成本/万元			其他/万元
	经度	纬度					养殖类型	单价/(元/m²)	价值/万元	收益总额/万元	成本组成	价值	总额	
											水下造礁等固定设施建设			
											苗种			
											食料			
											人工			
											采捕船			
											渔业资源补偿			
											论证与环评			
											海域使用金			
											其他			

调查者_____　校对者_____　审核者_____　填表日期_____年____月____日

附表 2-3　旅游娱乐用海调研样表

省（自治区、直辖市）_____　县（市、区）_____

名称	位置		岸线类型	面积/hm²	坡度/(°)	水深/m	旅游收益				成本/万元			其他/万元
	经度	纬度					收益来源	单价/(元/m²)	价值/万元	收益总额/万元	成本组成	价值	总额	
											日常维护			
											设备投入			
											基础设施			
											资金投入			
											人工			
											水电			
											渔业资源补偿			
											论证与环评			
											海域使用金			

调查者_____　校对者_____　审核者_____　填表日期_____年_____月_____日

附表 2-4 海域现场踏勘调查信息样表

调查时间： 年 月 日

所处海域	所处海域等别	海域现状描述	备注

注：海域现状描述内容包括海域使用现状、岸线利用现状、岸线保护情况、海域空间资源情况、海域保护情况、海域环境情况等。

附表 2-5 海域定级调研日志样表

调研时间		调研地点	
调研人员			

调研内容

座谈会会议记录

到场企业数量		类型	

一、管理部门需求

二、企业需求

资料收集及现场调研情况

现场收集数量		后发资料包括	
填写表格			

收集资料清单

编号	名称	来源	格式	备注

现场踏勘

企业名称	
用海类型	

附 录 3

附表 3-1　A 类定级指标体系

定级因素	权重	评价因子	权重	备注
海域自然条件	0.4~0.5	海岸质量指数	…	√
		水深指数	…	√
		海水质量指数	…	
		底质质量指数	…	
		…		
海域资源利用程度	0.2~0.35	占用海湾指数	…	√
		占用岸线指数	…	
		岸线稀缺指数	…	
		…		
海域区位条件	0.1~0.3	城区距离指数	…	
		海滨浴场距离指数	…	
		海洋保护区距离指数	…	
		…	…	
用海适宜条件	0.1~0.25	交通条件发达指数	…	
		毗邻相同用地类型土地价格	…	
		…	…	
合计	1		1	

注：表中备注栏中符号"√"表示必选指标，其他为参考指标。

附表 3-2　B 类定级指标体系

定级因素	权重	评价因子	权重	备注
海域自然条件	0.3~0.45	海岸质量指数	…	√
		水深指数	…	
		海水质量指数	…	√
		底质质量指数	…	
		…	…	

续表

定级因素	权重	评价因子	权重	备注
海域资源利用程度	0.25~0.35	占用海湾指数	…	√
		占用岸线指数	…	
		岸线稀缺指数	…	
		…	…	
海域区位条件	0.15~0.3	城区距离指数	…	
		…	…	
用海适宜条件	0.1~0.25	交通条件发达指数	…	
		…	…	
合计	1		1	

注：表中备注栏中符号"√"表示必选指标，其他为参考指标。

附表 3-3 C 类定级指标体系

定级因素	权重	评价因子	权重	备注
海域自然条件	0.3~0.45	海岸质量指数	…	√
		水深指数	…	√
		海水质量指数	…	
		底质质量指数	…	
		淤积指数	…	
		…	…	
海域资源利用程度	0.2~0.35	占用海湾指数	…	√
		占用岸线指数	…	
		岸线稀缺指数	…	
		…	…	
海域区位条件	0.05~0.2	城区距离指数	…	
		…	…	
用海适宜条件	0.1~0.3	交通条件发达指数	…	
		吞吐量	…	
		泊位数	…	
		港口年总产值	…	
		…	…	
合计	1		1	

注：表中备注栏中符号"√"表示必选指标，其他为参考指标。

附表 3-4　D 类定级指标体系

定级因素	权重	评价因子	权重	备注
海域自然条件	0.25~0.4	海岸质量指数	…	√
		水深指数	…	
		海水质量指数	…	√
		底质质量指数	…	
		…	…	
海域资源利用程度	0.1~0.25	占用海湾指数	…	√
		占用岸线指数	…	
		岸线稀缺指数	…	
		…	…	
海域区位条件	0.1~0.2	城区距离指数	…	
		…	…	
用海适宜条件	0.2~0.35	交通条件发达指数	…	
		初级生产力	…	
		浮游生物密度	…	
		底栖生物密度	…	
		…	…	
合计	1		1	

注：表中备注栏中符号"√"表示必选指标，其他为参考指标。

附表 3-5　E 类定级指标体系

定级因素	权重	评价因子	权重	备注
海域自然条件	0.3~0.45	海岸质量指数	…	√
		水深指数	…	√
		海水质量指数	…	√
		底质质量指数	…	
		海底坡度指数	…	
		…	…	
海域资源利用程度	0.1~0.25	占用海湾指数	…	√
		占用岸线指数	…	
		岸线稀缺指数	…	
		…	…	

续表

定级因素	权重	评价因子	权重	备注
海域区位条件	0.05～0.15	城区距离指数	…	
		…	…	
用海适宜条件	0.15～0.3	交通条件发达指数	…	
		旅游区质量等级指数	…	
		旅游区年客流量	…	
		旅游区年收入	…	
		…	…	
合计	1		1	

注：表中备注栏中符号"√"表示必选指标，其他为参考指标。

附表 3-6　F 类定级指标体系

定级因素	权重	评价因子	权重	备注
海域自然条件	0.35～0.5	海岸质量指数	…	√
		海水质量指数	…	
		水深指数	…	
		底质质量指数	…	
		温度指数	…	
		海底坡度指数	…	
		…	…	
海域资源利用程度	0.1～0.25	占用海湾指数	…	√
		占用岸线指数	…	
		岸线稀缺指数	…	
		…	…	
海域区位条件	0.05～0.15	城区距离指数	…	
		…	…	
用海适宜条件	0.15～0.3	交通条件发达指数	…	
		盐田产量	…	
		盐田年产值	…	
		…	…	
合计	1		1	

注：表中备注栏中符号"√"表示必选指标，其他为参考指标。

附 录 4

海域级别信息统计样表

等别	县（市、区）	位于海区	I级海域/hm²	II级海域/hm²	III级海域/hm²	合计	I级海域占比	II级海域占比	III级海域占比	值域范围	中值	平均值
一等												
	合计											
二等												
	合计											
三等												
	合计											
四等												
	合计											
五等												
	合计											

续表

等别	县（市、区）	位于海区	I级海域 /hm²	II级海域 /hm²	III级海域 /hm²	合计	I级海域占比	II级海域占比	III级海域占比	值域范围	中值	平均值
六等												
	合计											
	总计